Harsimran Singh Sodhi
Bikram Jit Singh
Doordarshi Singh

Estratégias Lean e Six Sigma

Harsimran Singh Sodhi
Bikram Jit Singh
Doordarshi Singh

Estratégias Lean e Six Sigma

Redução de sucata nas PME indianas

ScienciaScripts

Cover image: www.ingimage.com

This book is a translation from the original published under ISBN 978-620-6-77305-4.

Publisher:
Sciencia Scripts
is a trademark of
Dodo Books Indian Ocean Ltd. and OmniScriptum S.R.L publishing group

120 High Road, East Finchley, London, N2 9ED, United Kingdom
Str. Armeneasca 28/1, office 1, Chisinau MD-2012, Republic of Moldova, Europe
Managing Directors: Ieva Konstantinova, Victoria Ursu
info@omniscriptum.com

Printed at: see last page
ISBN: 978-620-8-54786-8

Conteúdo

Dr. Harsimran Singh Sodhi
Professor Associado e
Assistente do Reitor-Assuntos Académicos
Universidade de Chandigarh
Gharuan, Mohali, Punjab, Índia.
Dr. Bikram Jit Singh
Professor
Departamento de Engenharia Mecânica
Colégio de Engenharia MM
Maharishi Markandeshwar (considerada uma universidade)
Mullana, Ambala, Haryana, Índia.
Dr. Doordarshi Singh
Professor Associado
Escola de Engenharia Baba Banda Singh Bahadur
Fatehgarh Sahib, Punjab, Índia.

Dedicação À nossa amada
Pais
O vosso apoio inabalável, o vosso encorajamento sem fim e o vosso amor sem limites têm sido os pilares da nossa força e do nosso sucesso. Este livro é um testemunho dos valores, da perseverança e da dedicação que nos incutiram. Estamos eternamente gratos pelos vossos sacrifícios e orientação, que tornaram esta viagem possível.
Com a mais profunda gratidão e amor,
Harsimran Singh Sodhi
Bikram Jit Singh
Doordarshi Singh

Prefácio

No atual mundo competitivo, manter-se bem sucedido e sustentável é o principal objetivo de qualquer organização industrial. De acordo com o atual cenário industrial, todas as organizações precisam de obter grandes lucros e de se manterem fortes no mercado para se manterem competitivas e sustentáveis. Por conseguinte, a maioria das organizações de produção tem de manter o seu lema principal de "fazer bem, à primeira" em todos os processos de produção. Assim, as organizações continuam a encontrar novas ferramentas e técnicas rentáveis para as suas práticas de fabrico, de modo a satisfazer a procura do mercado atempadamente. No entanto, no que diz respeito às PME do sector transformador, estas enfrentam enormes perdas financeiras durante o seu processamento quotidiano devido ao aumento constante dos resíduos durante as práticas de fabrico. Devido a este facto, observou-se que muitas das PME estão a encerrar em várias partes da Índia no passado recente. Para resolver este problema grave, estas organizações industriais têm de abordar várias questões relacionadas com os resíduos. Assim, é necessário desenvolver e introduzir nestas organizações uma técnica adequada de gestão de resíduos, equipada com ferramentas e técnicas recentes de gestão de resíduos, para garantir a sua sustentabilidade. Verificou-se que as organizações industriais estão a utilizar várias técnicas de gestão de resíduos para lidar com os resíduos cada vez maiores nas suas organizações, tais como a manutenção produtiva total, 5s, Six Sigma, Lean Manufacturing, Lean Six Sigma (LSS), etc. Muitas das organizações industriais em países como os EUA, Brasil, Reino Unido, etc. estão a utilizar com sucesso o LSS como técnica de gestão de resíduos, mas muito poucas organizações industriais na Índia estão a incentivar a implementação do LSS nas suas organizações. Verificou-se que muito poucas delas têm conhecimento do LSS e que a maioria dos projectos LSS falham. Além disso, muitas das organizações industriais não sabem se estão ou não preparadas para a implementação do LSS. Além disso, a ausência de um modelo LSS adequado com ferramentas apropriadas para o sector transformador está a aumentar as complicações para a implementação do LSS. Por conseguinte, é necessário abordar várias questões relacionadas com a gestão de resíduos nas PME indianas. O presente trabalho de investigação foi realizado para atingir este objetivo.

O estudo começa com a revisão da literatura relacionada com a gestão de resíduos, as várias técnicas de gestão de resíduos utilizadas pelas organizações industriais e a implementação do LSS no sector industrial. Com base na revisão da literatura, foi elaborado um questionário composto por cerca de duzentas perguntas. Depois de concluído o pré-teste do questionário para verificação da validade facial e da validade substantiva, foi realizado um inquérito em linha e fora de linha em PME do sector transformador selecionadas na Índia. Os dados foram recolhidos durante o inquérito e analisados com recurso ao software SPSS versão 21 e Minitab versão 18. Inicialmente, foi avaliado o valor alfa de Cronbach dos vários segmentos do questionário para verificar a fiabilidade dos dados recolhidos através do inquérito. O total de pontos pontuados (TPS) e a percentagem de pontos pontuados (PPS) das sete secções do questionário foram calculados a fim de verificar a validade e a pertinência das várias perguntas colocadas nas várias secções do questionário. Foram comparadas, quantitativa e qualitativamente, várias técnicas de gestão de resíduos implementadas em PME industriais, a fim de identificar a melhor técnica de gestão de resíduos em termos de redução de resíduos. A partir dos resultados da análise quantitativa e qualitativa, identificou-se que o LSS é a melhor estratégia de gestão de resíduos de todas as técnicas principais. Foi preparada uma matriz composta de todos os vinte e oito factores principais da implementação do LSS e, utilizando a análise fatorial, estes vinte e oito factores foram reduzidos a quatro factores principais, agrupando factores semelhantes como um único fator. Na fase seguinte, foi avaliada a capacidade de processo dos dez aspectos principais da implementação do LSS e verificou-se que Definir, Medir, Controlar, 5s, Mapeamento do Fluxo de Valor e Unidade de Fluxo Único afectam significativamente a implementação do LSS, ao mesmo tempo que a Análise, Melhoria, TPM e a obtenção de perfeições se revelam insignificantes durante a implementação. Na parte seguinte da análise dos dados, foi elaborada uma matriz de correlação de Pearson depois de testar discriminadamente os dados disponíveis. A relação entre os vários factores do LSS e as principais causas de desperdício foi desenvolvida utilizando a análise de correlação canónica. Tendo em conta os resultados de todas as ferramentas analíticas, foi desenvolvido um modelo LSS em que a abordagem DMAIC do Six Sigma foi reforçada com ferramentas utilizadas no Lean Manufacturing com o objetivo de obter uma abordagem eficaz para a gestão dos resíduos. Para validar o modelo LSS proposto, foram realizados estudos de caso em PME de fundição e fabrico de componentes para automóveis. As organizações de produção selecionadas enfrentavam perdas financeiras devido à elevada taxa de refugo e ao retrabalho de produtos defeituosos fabricados. Na ação corretiva para os problemas acima mencionados da organização, foi recomendado à gestão que a abordagem LSS proposta fosse implementada na organização, a fim de reduzir a sucata/retrabalho e poupar a matéria-prima.

Após a implementação do modelo LSS na organização, o número de peças rejeitadas e o número de peças retrabalhadas foram significativamente reduzidos. A qualidade dos produtos fabricados na organização também foi melhorada após a implementação do modelo LSS proposto.

AGRADECIMENTOS

Os autores estão em dívida para com todos os que contribuíram para este livro e especialmente para com o Dr. Satbir Singh Sehgal, Vice-Presidente (Estratégia e Crescimento) do Grupo de Institutos Rayat Bahra. Os autores estão gratos ao Dr. Raman Kumar, Professor Associado, Universidade de Chandigarh, por todas as discussões teóricas entusiásticas sobre investigação ao longo dos anos. Os autores agradecem à M/S Aqua Systems Pvt. Ltd., Phase 8 (B) Mohali, pela sua valiosa orientação durante a fase de implementação do trabalho de investigação. Por último, mas não menos importante, os autores gostariam de agradecer aos seus respectivos cônjuges pelo seu encorajamento e paciência durante a execução deste estudo de investigação.

Harsimran Singh Sodhi Bikram Jit Singh
Doordarshi Singh

CAPÍTULO 1

INTRODUÇÃO

1.1 PRETEXTO

As pequenas e médias empresas (PME) desempenham um papel vital no sector da indústria transformadora de vários países em desenvolvimento e desenvolvidos em todo o mundo. De acordo com Lozzi et al. (2008), as PME de qualquer país têm uma grande importância em termos de planeamento estratégico no crescimento económico, uma vez que as PME contribuem muito para a produção, as vendas e o desenvolvimento de qualquer nação. O presente estudo é influenciado pela rápida evolução do cenário das PME do sector transformador, que são consideradas a espinha dorsal da economia de qualquer país. De acordo com os números do relatório económico da Índia no ano de 2018, a contribuição das PMEs é de 17% do produto interno bruto (PIB) (Chandima et al., 2018). O nível mais elevado de sucata e de desperdício é a principal causa do fraco desempenho das PME na Índia (Chugani et al., 2017). Um nível mais elevado de resíduos e desperdícios é a principal causa de grandes perdas financeiras para uma organização industrial. Para se manterem competitivas no atual ambiente industrial instável e turbulento, as organizações industriais precisam de se manter actualizadas e de manter os seus sistemas actualizados de modo a responderem de acordo com as necessidades do mercado (Yang et al., 2011). As indústrias transformadoras em todo o mundo têm registado um elevado nível de mudança nos últimos anos, que inclui a remodelação da gestão, a inovação de processos, as expectativas dos clientes, as atitudes dos fornecedores, o comportamento comparativo, etc. (Singh et al., 2013, Antony et al., 2014, Nasland et al., 2015). À medida que as condições do mercado vão mudando progressivamente, os gestores das organizações industriais estão a concentrar-se progressivamente na adaptabilidade como uma abordagem para realizar novos tipos de modelos para executar essas estratégias de gestão de resíduos que são altamente fiáveis a longo prazo para se manterem competitivas e sustentáveis. A inovação nas técnicas de gestão de resíduos é diagnosticada como um procedimento ininterrupto e incorporado nas indústrias transformadoras para um desenvolvimento regular (Rodriguez et al., 2007, Kumar et al., 2014, Singh et al., 2017). Por conseguinte, a implementação de uma técnica de gestão de resíduos bem equipada na organização fabril é urgentemente necessária para controlar os resíduos e reduzir a sucata. No presente estudo, foram identificados factores críticos de sucesso de várias técnicas importantes de gestão de resíduos. A partir dos trabalhos de investigação e artigos revistos, verificou-se que o fabrico Lean e o Six Sigma são as técnicas de gestão de resíduos que têm sido altamente utilizadas nas indústrias para reduzir os resíduos e melhorar e assegurar os padrões de qualidade dos produtos fabricados. Por conseguinte, na presente investigação, foram identificados e estudados, em primeiro lugar, os factores críticos de sucesso (FCS) das principais técnicas de gestão de resíduos. O teste de fiabilidade é feito para decidir a sua capacidade de produzir medições e resultados consistentes a partir de um determinado conjunto de dados. O teste alfa de Cronbach foi aplicado ao conjunto de dados que afectam diferentes factores que contribuem para a aplicação da técnica de gestão de resíduos. Foi desenvolvida uma relação entre os QCA do LSS e as várias questões principais que contribuem para a gestão de resíduos nas PME através do teste de correlação canónica. Posteriormente, foi efectuado um teste de validade discriminada e foi formulada uma matriz de correlação de Pearson. Foi também efectuada uma análise de regressão múltipla para avaliar a importância dos principais factores que contribuem para o LSS. Por conseguinte, este estudo centra-se no fornecimento de um modelo sustentável de melhoria e na oferta de possibilidades de alta qualidade para enfrentar os desafios tecno-gerenciais modernos em práticas e enquadramentos modernos para a sustentabilidade das PME. Depois de medir a importância de vários QCA do LSS, foi formulado um modelo concetual avançado de LSS para a redução de resíduos em PMEs de produção e foram realizados dois estudos de caso baseados neste modelo nas indústrias de fundição e de máquinas-ferramentas. Os resultados destes estudos de caso mostram claramente que a implementação de um modelo concetual avançado de LSS contribui significativamente para a redução de resíduos dessa organização industrial.

1.2 PME: CENÁRIO GLOBAL

As pequenas e médias empresas estão a desempenhar um papel vital no sector da produção de vários países em desenvolvimento e desenvolvidos do mundo. De acordo com Lozzi et al., (2008) as PME contribuem consideravelmente em termos de produção, vendas e desenvolvimento, pelo que têm uma importância estratégica no crescimento económico de qualquer nação em desenvolvimento ou desenvolvida. Atualmente, a situação das PME de vários países importantes do mundo é mencionada no quadro 1.

Quadro 1: Cenário global das PME (Talodhikareta, 2013)

S.N.	País	Cenário das PME
1	Unidos Estados	As unidades são diretamente beneficiadas pelas políticas governamentais. Existe um fluxo direto de dinheiro por parte do governo para melhorar a qualidade das PME. De acordo com a Lei das Pequenas Empresas, as unidades com um valor previsto superior a 2 500 USD, mas inferior a 100 000 USD, são consideradas apenas como pequenas empresas.
2	Latina América	Recentemente, a América Latina também começou a concentrar-se nas PME, uma vez que estas estão a dar emprego a uma maior parte da população
3	Taiwan e Hong Kong	Em 2005, Hong Kong tinha quase 270 000 PME que davam emprego a cerca de 50% da população, ou seja, oportunidades de emprego para 1,2 milhões de pessoas.
4	China	A China tem 10 milhões de PME urbanas e rurais, que contribuem para 60% da produção industrial chinesa
5	Índia	De acordo com o modelo socioeconómico da Índia, o papel das PME destinava-se a gerar divisas, a criar empregos e a contribuir para a obtenção de divisas, mas devido à aplicação inadequada de várias políticas governamentais, não conseguiram atingir os objectivos desejados.

1.3 Importância das PME na economia indiana

A divisão das pequenas e médias empresas (PME) desenvolveu-se como uma parte muito viva e dinâmica da economia indiana no decurso das últimas cinco décadas. Contribui para a melhoria financeira e social da nação, incentivando as empresas e produzindo as maiores aberturas de empresas com despesas de capital igualmente mais baixas, a seguir apenas à agricultura. As PME são parte integrante das grandes empresas como unidades auxiliares e esta divisão contribui essencialmente para o avanço moderno e abrangente da nação. As condições geográficas e económicas da Índia também incentivam as micro, pequenas e médias empresas (MPME) a criar emprego para a mão de obra menos qualificada da Índia. Além disso, estão a criar várias gamas de artigos e produtos para satisfazer as necessidades dos mercados locais e mundiais.

As MPMEs têm contribuído para o desenvolvimento de tentativas pioneiras através de avanços empresariais. As MPMEs estão a aumentar a sua área em todos os segmentos da economia, fornecendo o âmbito diferente de itens e produtos para satisfazer as necessidades dos mercados residenciais e mundiais. De acordo com a informação acessível no Gabinete Central de Estatística (CSO), Ministério da Estatística e Implementação de Programas, o compromisso do Setor das PME no Valor Acrescentado Bruto (VAB) da nação ao longo dos últimos cinco anos é o mencionado na tabela 2.

Quadro 2: Contribuição das PME na economia indiana

(Valores em milhões de Rs.)		
Ano	VAB DAS PME	Crescimento%
2011-12	25832.93	
2012-13	29776.23	15.27
2013-14	33430.09	12.27
2014-15	36581.96	9.43
2015-16	39367.88	7.62

Fonte: Gabinete Central de Estatística (CSO), Ministério da Estatística e Implementação de Programas

De acordo com a lei de desenvolvimento das MPME de 2006, em vigor desde 2 de outubro de 2006, as empresas são classificadas de acordo com as seguintes classificações mencionadas no quadro 3 (Rodriguez et al., 2007).

Table 3: Tipos de empresas na Índia (Inquérito económico de 2018)

Tipos de empresas	**Investimento em termos de instalações e máquinas**	**Investimentos em termos de equipamento utilizado para a prestação de serviços!**
Micro empresa	Menos de 2,5 Milhões de rupias	Menos de 1,0 milhão Rúpias
Pequenas empresas	Mais de 2,5 milhões rúpias, mas inferior a 50 milhões de rúpias	Mais de 1,0 milhar de rupias, mas menos de 20 milhões de rupias
Média empresa	Mais de 50 milhões rupias e inferior a 100 milhões de rupias	Mais de 20 milhões de rupias e menos de 50 milhões de rupias

O principal obstáculo ao crescimento das PME é a utilização óptima dos recursos disponíveis. Até mesmo o Conselho Nacional para a Competitividade da Indústria Transformadora (NMCC) propôs vários esquemas para desenvolver a competitividade global das PME indianas, mas estas continuam a sofrer enormes perdas devido ao desperdício dos recursos disponíveis.

1.4 Regimes governamentais de modernização das PME

O governo indiano está a trabalhar no sentido de melhorar a qualidade das PME, pelo que o Ministério das Micro, Pequenas e Médias Empresas lançou uma série de programas para melhorar a situação das PME indianas. Alguns dos regimes importantes são enumerados no quadro 4.

Table 4: Políticas governamentais de apoio às PME (Kumar et al., 2014)

S.N.	Esquema	Breve
1	Programa de desenvolvimento de clusters de micro e pequenas empresas (MSE-CDP)	Este regime foi adotado para o desenvolvimento de agrupamentos de empresas, a fim de aumentar a competitividade das PME. O principal objetivo deste regime é apoiar a sustentabilidade e o crescimento das PME em termos de qualidade, competências e tecnologia.
2	Programa Nacional para a Competitividade da Indústria Transformadora (NMCP)	Foram lançados vários planos no âmbito do NMCP, tais como a conceção de mini-salas de ferramentas, a abertura de novas clínicas de design e o apoio ao marketing para as PME
3	Permitir que o sector transformador seja competitivo através de normas de gestão da qualidade e de ferramentas tecnológicas da qualidade	O principal objetivo deste regime é permitir que as PME adoptem as mais recentes normas de gestão da qualidade e utilizem os mais recentes instrumentos de qualidade para melhorar a qualidade.
4	Regime de competitividade da produção enxuta para as MPME	O principal objetivo deste programa é a utilização de diferentes ferramentas Lean Manufacturing para melhorar os sectores de produção.
5	Esquema de clínicas de design para obter conhecimentos especializados em design para o sector transformador das MPME	O objetivo deste regime é aumentar a competitividade das MPME, melhorando-as e despertando-as para o design thinking.
6	Regime de assistência à comercialização e de atualização tecnológica	Este regime é basicamente uma iniciativa do Governo da Índia para que as PME adoptem técnicas modernas de comercialização
7	Apoio à modernização tecnológica e da qualidade das MPME	Este regime reforça a utilização de tecnologias baseadas na energia nos sectores transformadores, a fim de reduzir o custo de produção e adotar um mecanismo de desenvolvimento limpo.
8	Atualização de competências& Melhoria da qualidade e Yojana	Este regime promove o reforço das competências dos supervisores, instrutores e trabalhadores, etc., a fim de satisfazer os requisitos de reforço das competências para se manterem competitivos no atual cenário da indústria transformadora.

4.5 A sucata e o seu significado

A literatura baseada na gestão de resíduos foi revista e reflecte que os resíduos têm um grande significado nas perdas económicas de uma organização industrial. Uma et al., (2013) discutiram que a redução de resíduos é muito eficaz para eliminar problemas relacionados com o progresso social e a economia dos países em desenvolvimento. Myrdal et al., (2013) descreveu corretamente a relação entre a industrialização e o desenvolvimento económico quando observa que "a indústria transformadora representa, em certo sentido, uma fase superior da produção nos países avançados". Vinesh et al. (2013), na sua investigação, explica que, nos dias de hoje, as condições ambientais da indústria são muito afectadas pelo aumento regular da taxa de sucata e pelo desperdício dos recursos disponíveis, que são a causa da destruição dos seus lucros. Flashy et al., (2014) propuseram a estratégia de mapeamento do fluxo de valor, que inclui o fluxograma dos homens, materiais, máquinas, diferentes componentes do procedimento que estão incluídos num procedimento ou mudança, demonstrando o enorme impacto do desperdício na economia das indústrias transformadoras. Augusto et al., (2009) implementaram o Mapeamento do Fluxo de Valor (VSM) na oficina de construção de carruagens e, como resultado, encontraram uma redução de 8% do desperdício de recursos no chão de fábrica. Kumar et al., (2014) concentraram-se no quadro da produção enxuta, que foi reconhecido pela indústria indiana como um quadro proficiente na atualização da técnica de gestão de resíduos implementada com o objetivo de reduzir o desperdício.

4.6 Abordagens de gestão de sucata existentes

Tamizharasi et al. (2014), na sua investigação, examinou os diferentes métodos de gestão de resíduos utilizados nas PME indianas, propondo vantagens na execução da ideia de Lean Manufacturing e destacando o Value Stream Mapping (VSM) para efeitos de redução de resíduos nas organizações industriais indianas. Kumar et al., (2014) distinguiram diferentes Lean Manufacturing em quadros de montagem reconhecidos pela indústria indiana como um quadro competente na atualização da execução hierárquica, concentrando-se na eliminação da gestão de resíduos, melhorando o processo global de gestão de resíduos. Kumar et al., (2014) inspeccionaram que foram feitos esforços para distinguir os obstáculos à execução do Lean Manufacturing e depois disso para construir as ligações entre estes obstáculos reconhecidos. Enquanto o estudo escrito recomendou algumas obstruções vitais na execução enxuta, um par extra de obstáculos foi reconhecido através de discursos com os especialistas do tópico do negócio. Foi então utilizado um instrumento de síntese completo, composto por 30 inquéritos, para avaliar a importância dos vários limites da execução lean. Tal como indicado por Mandar et al. (2013), as normas Lean e os aparelhos Lean têm um trabalho avassalador em vários segmentos modernos na Índia. O objetivo do método Lean é eliminar os desperdícios encontrados em determinados empreendimentos, utilizando os diversos instrumentos Lean. A principal razão para esta investigação é reconhecer os diversos tipos de instrumentos lean utilizados em várias divisões mecânicas. Solanki et al., (2014) analisaram o processo de montagem de um recipiente criogénico, a falta de soldadura é um problema grave que causa um grande infortúnio às organizações. Para melhorar o procedimento, deseja-se atualizar a administração da qualidade. (Ravi et al., 2013) disse que o lean é formado em uma técnica de administração, que melhora o padrão geral de uma associação, eliminando o desperdício. Rojasra et al., (2013) examinaram que as empresas de pequena escala foram desenvolvidas como um ativo útil para dar um trabalho moderadamente maior ao lado do agronegócio. Os mercados mundiais estão em constante mudança e solicitam o resultado de alto calibre e esforço mínimo. Isso pode ser criado utilizando a montagem enxuta, uma teoria de administração que planejou diminuir uma ampla gama de desperdícios em todas as dimensões da fabricação de itens, a fim de diminuir o custo do item. Krishnan et al., (2013) o tema essencial de entusiasmo para este artigo é estudar e analisar os dispositivos lean utilizados nas divisões de montagem e administração e chegar a uma resolução no que diz respeito aos padrões nos dispositivos lean recebidos. Bakri et al., (2013) examinaram o trabalho fundamental do TPM no apoio e na construção de actividades de melhoria da qualidade, por exemplo, a criação enxuta. Foi feito um esforço para examinar a pesquisa distribuída identificada com o TPM e a criação enxuta.

O Lean Manufacturing identifica e elimina continuamente todos os tipos de refugos. Existem várias abordagens/técnicas que visam identificar os vários tipos de refugos e as suas fontes e, em seguida, aplicar metodologias para os eliminar rapidamente dos sistemas. Para realçar as principais causas da redução de resíduos e o método para os eliminar, são mencionadas no quadro 5 as várias ferramentas e técnicas utilizadas.

Table 5: Ferramentas e técnicas para a redução de sucata (Uma et al., 2013, Okoli et al., 2013)

S.N.	Ferramenta / Técnica	Breve
1	GESTÃO DA QUALIDADE TOTAL	TQM é a técnica na na qual uma organização aumenta continuamente a sua capacidade de fornecer produtos de qualidade aos seus clientes.
2	CONTROLO DE QUALIDADE	A qualidade do produto é melhorada através da utilização das sete principais ferramentas da qualidade, ou seja, diagrama de causa e efeito (diagrama de espinha de peixe), gráfico de controlo, diagrama de dispersão (alternadamente, fluxograma ou gráfico de execução), folha de controlo, gráfico de Pareto, histograma, estratificação
3	MESMO A TEMPO	O objetivo da técnica JIT é manter o nível adequado de
		fluxo do tempo de resposta dos fornecedores e clientes.
4	POKA-YOKE	Trata-se de uma técnica do sistema de produção optimizada que visa evitar os erros cometidos pelo operador.
5	KAIZEN	KAIZEN significa melhoria contínua. Envolvendo todos os funcionários, desde o diretor executivo até aos trabalhadores da linha de montagem.
6	PRODUÇÃO OPTIMIZADA	Trata-se de uma técnica de eliminação de desperdícios no processo de fabrico. O objetivo do Lean é criar processos sistemáticos que possam acrescentar valor ao produto.
7	SEIS SIGMA	Trata-se de um conjunto de ferramentas e técnicas para a melhoria do processo. Na técnica Seis Sigma, há 99,99966% de hipóteses estatísticas de produzir um produto sem defeitos.

Para além de ter um estatuto miserável (como referido acima), agora, para sobreviver a longo prazo e permanecer competitivo a nível global, é necessário manter um equilíbrio entre o custo e a qualidade do produto final ou dos serviços. Numa concorrência tão acirrada, a "redução de desperdícios" torna-se uma estratégia lucrativa especificamente para as PME dos países em desenvolvimento. Ao minimizar as perdas devidas ao desperdício, as PME podem maximizar os lucros financeiros e viabilizar a utilização óptima dos recursos disponíveis. Aumentará diretamente a produtividade global ao fazer as coisas bem à primeira e, em última análise, conduzirá a condições de "Zero defeitos".

1.7 Factores críticos de sucesso do Lean Six Sigma

A abordagem Lean Six Sigma (LSS) é basicamente considerada como uma abordagem para a melhoria contínua das empresas, a fim de alcançar um crescimento sustentável nas indústrias transformadoras. As instituições industriais procuram continuamente reduzir os custos de produção e, ao mesmo tempo, melhorar a qualidade do produto final. Alguns dos factores críticos de sucesso identificados por Ganesh et al. (2010) são o compromisso e o dever, o quadro de prémios e reconhecimento, a competência do perito dark belt/dark belt, a capacidade da organização relacionada com o dinheiro, a correspondência e a avaliação contínuas dos resultados do sistema incline six sigma, a definição de prioridades, a determinação, as auditorias e o acompanhamento do empreendimento, os exemplos de superação de adversidades, os melhores trabalhos de partilha e de avaliação comparativa, o programa de preparação para o sistema incline six sigma bem sucedido, a criação de um painel de controlo do sistema incline six sigma. Foram analisados muitos trabalhos de investigação centrados nos factores críticos de sucesso do LSS. (Albliwi et al., 2013) afirmaram que os factores cruciais de insucesso do LSS nos sectores da indústria transformadora consistem numa taxa de produção não consistente, em serviços e na necessidade de trabalhadores mais qualificados. O LSS é uma abordagem integrada de duas metodologias, pelo que os factores críticos impotentes que contribuem para o êxito do fabrico Lean e do Seis Sigma devem ser considerados nesta abordagem. O quadro 6 apresenta uma lista de vários factores críticos do LSS identificados por vários investigadores.

Quadro 6 Factores críticos de sucesso do LSS

S.n o	QCA's	S.n o	QCA's	S.n o	QCA's	S.n o	QCA's
1	Redesenho estrutural para a redução de resíduos. *(Myrdal et al., 2017)*	8	Eficácia do programa de formação em LSS. *(Halim et al., 2016)*	15	Redução contínua dos resíduos *(Snee et al., 2010)*	22	Restauro de equipamento. *(Shaw et. al. 2018)*
2	Compatibilidade da estratégia LSS com o ambiente de produção. *(Myrdal et al., 2017)*	9	Estratégias de melhoria contínua. *(Snee et al., 2010)*	16	Análise do fluxo de trabalho. *(Antony et al. 2014)*	23	Nível de eliminação de pequenas paragens no fluxo de trabalho. *(Myrdal et al., 2017)*
3	Gestão dos custos totais. *(Shaw et. al. 2018)*	10	Redução do tempo de ciclo. *(Myrdal et al., 2017)*	17	O 5S é implementado *(Snee et al., 2010)*	24	Implementação do Seis Sigma. *(Shaw et. al. 2018)*
4	Nível de competência do mestre faixa preta/faixa preta.	11	Atualização da técnica de gestão de resíduos.	18	Implementação da Análise à Prova de Erros *(Shaw et. al.*	25	Implementação de estratégias Lean. *(Halim et al., 2016)*

	(Antony et al. 2014)		(Albliwiet al.,2014)		2018)		
5	Análise de valor. (Myrdal et al., 2017)	12	Análise do fluxo do processo. (Shaw et. al. 2018)	19	Normalização dos processos. (Snee et al., 2010)	26	Implementação do Lean Six Sigma (LSS). (Shaw et. al. 2018)
6	Capacidade financeira. (Halim et al., 2016)	13	Análise do fluxo de materiais. (Antony et al. 2014)	20	Implementação da manutenção preventiva (Albliwiet al., 2014)	27	Implementação da Manutenção da Qualidade Total (TQM). (Shaw et. al. 2018)
7	Priorização, seleção, análises e acompanhamento de projectos. (Halim et al., 2016)	14	Teoria das restrições implementada. (Nasland et al.,2008)	21	Implementação da manutenção autónoma. (Antony et al. 2014)	28	Implementação Just in time (JIT). (Albliwiet al.,2014)

1.8 Factores de motivação para a implementação do LSS

As PME do sector da indústria transformadora nos países avançados estão a ter uma produção mais elevada devido a uma melhor implementação das técnicas de gestão de resíduos Myrdal et al., (2017). A partir da literatura, observou-se que os países desenvolvidos, como os EUA, estão a utilizar muito esta técnica nas suas PME industriais e no setor dos serviços e também estão a colher bons resultados em termos de gestão de resíduos Snee at al., (2010). Ao mesmo tempo, países como o Brasil e a Escandinávia também estão a utilizar esta técnica em grande medida Galdino et al. (2016). No nosso inquérito, verificámos que os países subdesenvolvidos e em desenvolvimento raramente utilizam esta técnica nas suas organizações industriais. A Figura 1 mostra a utilização do LSS a nível internacional no sector das PME para garantir a sustentabilidade nos vários países desenvolvidos, em desenvolvimento e subdesenvolvidos. Foi observado que apenas 2% das organizações industriais na Índia estão a utilizar o LSS como técnica de gestão de resíduos. Esta análise reflecte que as nações avançadas estão bastante dependentes do LSS para a sua sustentabilidade e está a tornar-se importante que as nações em desenvolvimento e subdesenvolvidas também incorporem estratégias LSS nas suas PMEs de produção para obterem melhores resultados e permanecerem competitivas e sustentáveis.

Domínio geográfico de aplicação do Lean Six Sigma

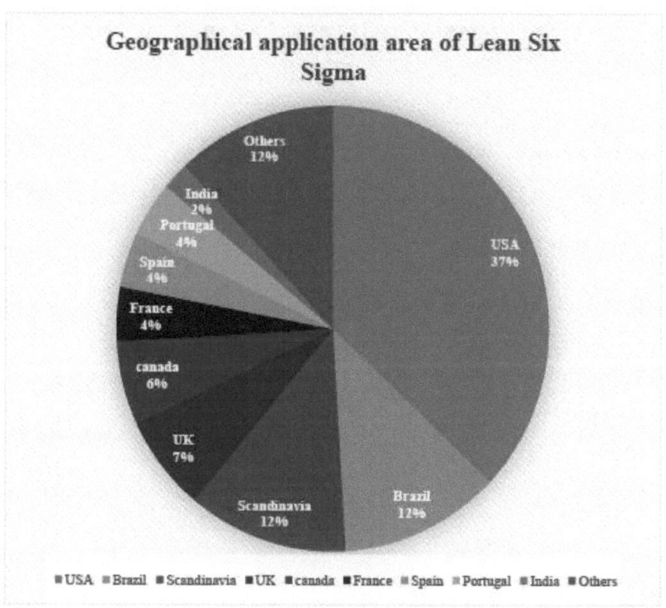

■ EUA■ Brasil■ Escandinávia -üK■ cañada■ França■ Espanha■ Portugal■ Índia■ Outros

Figura 1: Estado de implementação do LSS nas PMEs a nível internacional

O LSS é considerado uma técnica de gestão de resíduos que também se centra na gestão empresarial e tem por objetivo maximizar o valor das partes interessadas através de melhorias na velocidade de entrega, na relação custo-eficácia, na qualidade do produto e na satisfação do cliente, mediante a fusão de ferramentas e normas do Lean Manufacturing e da técnica Six Sigma. O LSS encontrou a sua ampla aplicação em países desenvolvidos como os EUA, o Reino Unido, o Brasil, etc. Antony et al., (2011). Há uma série de factores de motivação que podem contribuir para alterar as operações e apresentar resultados positivos. Alguns dos factores importantes são os seguintes Implementar estratégias de melhoria contínua, Melhorar a moral dos empregados Melhorar a qualidade dos produtos e as operações de fabrico, a figura 2 representa os vários factores de motivação para a implementação do LSS.

Figura 2: Factores de motivação para a implementação do LSS

1.9 Desafios antes da implementação do Lean Six Sigma

Embora o LSS seja uma técnica altamente rentável na América, a Índia enfrenta uma série de desafios para a sua aplicação, tais como trabalhadores não qualificados, menor sensibilização para o LSS, receio de que a cultura da empresa seja afetada, questões relacionadas com a cadeia de abastecimento, desenvolvimento dos trabalhadores e outros desafios tecnológicos. Aproximadamente 30% das PME indianas aplicaram o LSS na sua atividade e os restantes 70% ainda não estão envolvidos na iniciativa LSS por várias razões (Banuelas et al., 2002). (Ver figura 3 para mais pormenores).

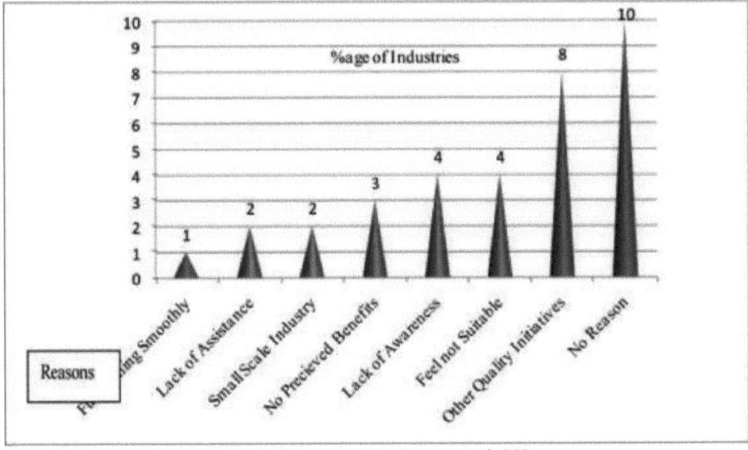

Figura 3: Barreiras à implementação do LSS

(Fonte: Antony et al., 2010)

1.10 Âmbito do estudo

Uma vez que a Índia é um país em desenvolvimento e o segundo maior mercado do mundo a seguir à China, existe uma grande margem de crescimento para as PME. Atualmente, a maioria das PME está a sofrer pesadas perdas financeiras devido a uma gestão irregular dos resíduos. Por conseguinte, é necessário impulsionar o seu crescimento financeiro, bem como contribuir para o PIB da Índia, reduzindo as suas enormes sucatas. Tal como mencionado anteriormente, existem vários factores que explicam o facto de as PME indianas não estarem a ter o melhor desempenho possível e estarem a sofrer grandes perdas. Por conseguinte, serão efectuados dois estudos de caso em diferentes aglomerados industriais para minimizar as perdas das PME através da redução das sucatas. Apesar de terem sido utilizadas várias ferramentas e técnicas até à data para minimizar a sucata industrial, verificou-se que as PME não conseguem obter os melhores resultados.

1.11 Objectivos e questões de investigação

O objetivo deste trabalho de investigação é avaliar o nível de sucesso da aplicação de várias técnicas de gestão de resíduos nas PME indianas e identificar a melhor técnica de gestão de resíduos de entre todas. Em seguida, pretende-se desenvolver um modelo baseado na melhor técnica de gestão de resíduos que pode ser implementada nas PME do sector transformador para efeitos de redução de resíduos.

Questões abordadas

Durante o trabalho de investigação, foram abordadas as seguintes questões.

- Estudar e comparar as técnicas de gestão de resíduos existentes com a análise SWOT.
- Estudar o efeito da implementação do Lean Six Sigma (LSS) nas PME indianas no domínio da gestão de resíduos, utilizando um questionário sobre gestão de resíduos.
- Desenvolver um modelo LSS para reduzir o desperdício e melhorar a produtividade e os lucros das PME de produção.
- Investigar a importância de vários parâmetros do LSS no cluster visado para observar as melhorias na qualidade do produto final após a implementação do modelo LSS.

1.12 Metodologia adoptada

Esta secção do estudo apresenta um esboço geral da metodologia adoptada no presente trabalho de investigação. A literatura inicial extensa baseada em Lean Manufacturing, Six Sigma e LSS é revista. A partir da literatura, verificou-se que existe uma enorme margem de manobra para a implementação da técnica LSS nas PME do sector transformador, de modo a colher as vantagens subsequentes. Foi elaborado um questionário numa escala de cinco para avaliar a eficácia da implementação do LSS nas PME indianas. Além disso, este questionário foi enviado a vários investigadores, académicos e profissionais da indústria para efeitos de um inquérito-piloto e validação. Depois de obter os contributos necessários, o questionário foi finalizado.

Para a recolha de dados, foram identificadas PMEs industriais de toda a Índia. Além disso, o questionário finalizado foi enviado a seiscentas e cinquenta PMEs para captar a voz das organizações industriais relativamente ao sucesso da técnica de gestão de resíduos implementada. Destas, cento e trinta responderam, o que corresponde a uma taxa de resposta de 21%. Após a eliminação das respostas inutilizáveis, o resultado foi de cento e vinte e uma respostas para o trabalho de análise posterior. Este resultado compara-se bem com as taxas de resposta dos estudos sobre gestão de operações (Handfield et al., 1995; Oberoi et al., 2008; Singh et al., 2013). Verificou-se que várias PME na Índia utilizam diferentes técnicas de gestão de resíduos, como a produção enxuta, o Six Sigma, o 5s, o TPM, o LSS, etc. Foi preparada uma folha de cálculo para compilar numa única folha a voz de várias PME relativamente ao sucesso da técnica de gestão de resíduos implementada. Posteriormente, utilizando os programas informáticos Minitab 18 e SPSS 25.0, foi efectuado um teste de fiabilidade aos dados disponíveis. A análise dos resultados é efectuada através do Teste de Validade Discriminada e da Matriz de Correlação de Pearson . No final, é efectuada uma análise de regressão múltipla para medir o nível de significância dos QCA individuais do LSS. Em seguida, é formulado um modelo concetual avançado de LSS e implementado numa indústria de fundição para observar os resultados posteriores da sua implementação.

1.13Organização da tese

A redação da tese está dividida em sete capítulos: I. Introdução, II. Revisão da literatura, III. Inquérito e recolha de dados, IV. Efeitos do Lean Six Sigma, V. Análise e interpretação dos dados, VI. Desenvolvimento do modelo Lean Six Sigma e estudo de caso, e VII. Conclusões.

CAPÍTULO - 1: Introdução

Este capítulo salienta a necessidade de reduzir os resíduos nas PME indianas. São também abordadas várias técnicas de gestão de resíduos utilizadas pelas PME do sector transformador. Além disso, os objectivos e questões, o âmbito do estudo, a metodologia geral e a organização do trabalho de investigação foram abordados neste capítulo.

CAPÍTULO - 2: Revisão da literatura

Neste capítulo, foi analisada a literatura detalhada de várias técnicas de gestão de resíduos. Neste capítulo, também é feita uma comparação pormenorizada de várias técnicas de gestão de resíduos.

CAPÍTULO - 3: Inquérito e recolha de dados

Este capítulo descreve a organização geral do questionário, os tipos de organizações, o volume de negócios anual das PMEs consideradas, a quota de mercado das PMEs, os tipos de sistemas de produção, o número de trabalhadores, o impacto das técnicas de gestão de resíduos, o efeito das técnicas de gestão de resíduos na reputação da organização.

CAPÍTULO - 4: Efeitos do Lean Six Sigma

Este capítulo apresenta a sustentabilidade do Lean Six Sigma, a análise de dados para avaliar a eficácia do Lean Six Sigma e o efeito da implementação do Lean Six Sigma nas PME indianas no domínio da gestão de resíduos.

CAPÍTULO - 5: Análise e interpretação dos dados

Este capítulo apresenta os resultados de um inquérito pormenorizado realizado em várias empresas industriais. Foram efectuadas análises descritivas e empíricas dos dados, recolhidos através do inquérito, para avaliar o estado do nível atual da técnica de gestão de resíduos implementada na organização.

CAPÍTULO - 6: Desenvolvimento do modelo Lean Six Sigma e estudo de caso

Este capítulo apresenta o procedimento sistemático de desenvolvimento de um modelo Lean Six Sigma, tendo este modelo LSS sido implementado em duas PME do sector transformador. As várias ferramentas e técnicas do modelo LSS implementadas para a redução de resíduos e desperdícios nas PME, o sucesso alcançado e as alterações introduzidas foram discutidos em pormenor.

CAPÍTULO - 7: Conclusões

Este capítulo abrange o resumo do trabalho de investigação, os seus resultados, as conclusões e as recomendações. Além disso, são apresentados os principais resultados do inquérito e dos estudos de caso. Com base nos resultados e nas constatações, foram tiradas conclusões e feitas recomendações. As limitações e o âmbito do trabalho futuro foram abordados nas secções seguintes deste capítulo.

1.13 Observações finais

As técnicas de gestão de resíduos são extremamente importantes para a redução de resíduos nas organizações industriais. Há uma série de técnicas de gestão de resíduos que têm sido utilizadas nas empresas transformadoras. No que diz respeito ao sector industrial indiano, especialmente , as PME enfrentam enormes perdas devido ao rápido aumento da sucata todos os anos. Observou-se que muitas organizações industriais de países desenvolvidos estão a utilizar o LSS como técnica de gestão de resíduos para uma gestão eficaz dos resíduos, mas na Índia o LSS é muito raramente utilizado. Existe uma grande possibilidade de implementar o LSS nas organizações industriais indianas também com o objetivo de reduzir a sucata.

CAPÍTULO 2

REVISÃO DA LITERATURA

2.1 Teoria de fundo

Tranfield et al., (2011) afirmaram que a revisão sistemática se tornou uma "atividade científica fundamental". Esta secção do trabalho de investigação centrar-se-á numa breve discussão sobre o estado das PME, as razões para a sua doença e fraco desempenho, várias técnicas de gestão de resíduos implementadas nas PME e também sobre a eficácia da implementação do LSS nas unidades fabris. A revisão detalhada da literatura foi efectuada para captar a voz de vários investigadores interessados e os seus trabalhos relativos à implementação de técnicas de gestão de resíduos nas PME. Kocak et al., (2017) referiram que um levantamento sistemático da literatura aborda as questões-chave relacionadas com vários problemas relacionados com a gestão de resíduos nas indústrias. Inicialmente, a literatura foi revista para os domínios principais listados abaixo, ou seja, a importância da gestão de resíduos, a importância da redução de sucata e as ferramentas e técnicas de gestão de resíduos existentes.

2.2 Importância da gestão de resíduos

A literatura baseada na gestão de resíduos foi revista e revela que os resíduos têm um grande significado nas perdas económicas suportadas por uma organização industrial. Uma et al., (2013) discutiram que a redução de resíduos na industrialização é um meio muito eficaz para resolver várias questões económicas e de relevância social. Myrdal et al., (2017) descreveu corretamente a ligação entre a industrialização e a melhoria financeira quando vê que "as indústrias transformadoras têm uma fase mais elevada de geração em tecnologias de ponta nas nações em desenvolvimento". Vinesh et al. (2012), na sua investigação, explica que a sustentabilidade é mais universalmente racional e menos prescritiva, concentrando-se na ação contrária à contaminação através do controlo de materiais e procedimentos perigosos, bem como na garantia de estruturas ecológicas.

2.3 Importância da redução de sucata

De acordo com Shaw et al. (2018), o fator mais importante responsável pela sustentabilidade das organizações industriais é a implementação de uma metodologia eficaz para a redução de sucata. A maioria das organizações industriais identifica as áreas com as maiores "Alavancas Competitivas". Atualmente, para se manter sustentável e competitivo a nível global, é necessário manter um equilíbrio entre o custo e a qualidade do produto final ou dos serviços Thanki et al. (2014). Numa concorrência tão acirrada, a "redução de desperdícios" torna-se uma estratégia lucrativa especificamente para as PME nos países em desenvolvimento. Ao minimizar as perdas devidas ao desperdício, as PME podem maximizar os lucros financeiros e viabilizar a utilização óptima dos recursos disponíveis Chang et al. (2017).

2.4 Ferramentas e técnicas de gestão de resíduos existentes

De acordo com Mandar et al. (2013), as ferramentas e os princípios Lean têm um papel predominante em diferentes sectores industriais na Índia. O objetivo da produção enxuta é eliminar os resíduos encontrados nas respectivas indústrias, utilizando as diferentes ferramentas enxutas. Solanki et al., (2014) trabalharam no processo de fabrico do recipiente criogénico, os defeitos de soldadura são o principal problema que conduz a grandes perdas para as empresas. Para melhorar o processo, é desejável implementar a gestão da qualidade. Durante a sua implementação prática, ele propôs uma técnica filosófica e analítica, aplicando a mesma durante o processo de produção. Ravi et al., (2013) afirmam que o lean é desenvolvido como um método de gestão que melhora o padrão geral de uma organização, eliminando o desperdício. Kalpande et al., (2017) comparam várias ferramentas Lean Manufacturing utilizadas nos sectores da produção e dos serviços. Bakri et al., (2013) investigaram o papel principal da Gestão Produtiva Total (TPM) no apoio e estabelecimento de iniciativas de melhoria da qualidade, como a produção Lean. Muitas técnicas de gestão de resíduos utilizadas em organizações de fabrico são discutidas abaixo.

2.4.1 Lean Manufacturing

O Lean Manufacturing foi inicialmente implementado na Toyota Motor Company como Sistema de Produção Toyota (TPS) com o objetivo de eliminar desperdícios e irregularidades nos sistemas de produção (Emiliani, 2006; Liker & Morgan, 2006; Bhuiyan & Baghel, 2005). Após a implementação bem sucedida do sistema TPS, este tornou-se bastante famoso entre várias organizações de produção. A filosofia TPS precedeu a fundação do termo mais amplamente reconhecido "Lean Manufacturing" (Ohno 1988). O Lean concentrou-se na eliminação de práticas que não acrescentam qualquer valor ao sistema. (Gnoni et al. 2013; Scherrer-Rathje et al. 2009; Näslund, 2008). Os sete tipos de resíduos industriais identificados são, retrabalho, excesso de inventário, excesso de processamento, excesso de produção, tempo de espera, defeitos de processo, movimento extra de materiais (Albliwi et al. 2015; Cheng e Chang, 2012; Drohomeretski et al. 2014; Lee e Wei, 2010; Melton, 2005). É uma subutilização da criatividade, da capacidade de inovação e do desperdício natural. Womack e Jones (2005) defendem que a mudança de cultura é um teste importante no Lean, uma vez que a execução do Lean requer uma mudança principal no método de raciocínio dos parceiros e como a ligação entre eles para diminuir os custos e o desperdício (Staats et al. 2011). A utilização de instrumentos e estratégias Lean pode ajudar a diminuir o desperdício a um nível aliciante, mas os dispositivos e procedimentos que estão ligados devem ser identificados com a técnica geral e os padrões de garantia de abrigo (Antony et al. 2014). Kajdan, (2008) forneceu numerosos significados de padrões enxutos com vários tons, acentuando a limitação do quantum do número considerável de ativos (contando o tempo) utilizados nos diferentes exercícios do empreendimento. Begam et al. (2013), conduziram uma revisão escrita ponto a ponto para reconhecer as práticas enxutas em diferentes empresas de montagem. As consequências da investigação revelam que a utilização da montagem lean se encontra numa fase florescente. Este documento faz com que as associações melhorem o procedimento, ajustem-no às necessidades dos clientes e assumam um compromisso perseverante com a parte da montagem para aumentar a rentabilidade, a qualidade e a intensidade.

2.4.2 Seis Sigma

A estratégia Seis Sigma é uma das técnicas empresariais mais proeminentes atualmente utilizadas na gestão de resíduos. A Motorola Corporation apresentou esta ideia em meados da década de 1980. "Sigma" é uma letra grega utilizada para o termo numérico 'desvio padrão', que estima o desvio do normal num processo empresarial específico. O "desvio" é mais do que o esperado e resulta em artigos defeituosos e administrações que não resolvem os problemas dos clientes. (Kaushik e Khanduja, 2009). O Seis Sigma espera diminuir as variedades em qualquer procedimento (Näslund, 2008; Chakrabarty e Tan, 2007; Antony, 2004), reduzir o custo da montagem e das administrações, reservando fundos para a preocupação principal, aumentar a lealdade do consumidor (Andersson et al. 2014; Psychogios et al. 2012; Delgado et al. 2010; Koning et al. 2006;) melhorar as rendições de medidas de qualidade dos artigos e reduzi-las para 3,4 partes por milhão de portas abertas numa associação (Chen e

Lyu, 2009; Henderson, 2000). Novas especulações e pensamentos juntaram-se aos padrões essenciais e técnicas mensuráveis que existiam na construção da qualidade há bastante tempo (Brannstrom-Stenberg e Deleryd, 1999). O Seis Sigma suplantou a ideia de TQM para se tornar o ponto focal de valor dos executivos e da perfeição empresarial durante cerca de um quarto de século. Alude às convicções, dispositivos e estratégias utilizados para descobrir as razões dos atrasos e contorná-los (deformações ou erros) nas formas de negócio, concentrando-se nos rendimentos considerados fundamentais para os clientes (Alsmadi et al. 2012). Seis Sigma sintoniza-se com a Voz dos Clientes (VOC) para descobrir as suas necessidades e transforma-as em detalhes, e usa-as ao planear um item ou administração (Usmen, 2015). Os quadrados da estrutura foram actualizados com padrões empresariais e de iniciativa para moldar a premissa de uma estrutura de administração total. O resultado foi surpreendente, levando a uma subida no grau de qualidade de alguns produtos da Motorola, o que abriu caminho para o Seis Sigma (Reosekar e Pohekar, 2014; Kabir et al. 2013).

2.4.3 Lean Six Sigma

O Lean e o Seis Sigma têm seguido caminhos distintos desde a década de 1980, quando os termos foram definidos e aplicados pela primeira vez em 1913 na fábrica da Ford em Michigan, EUA. Mais tarde, os japoneses aperfeiçoaram-no com o Sistema de Produção Toyota, enquanto o início do Seis Sigma começou nos EUA, no Centro de Investigação da Motorola (Laureani et al. 2013). O Lean é uma metodologia para melhorar o processo que fornece os produtos e serviços de uma forma melhor e a um preço mais baixo. De acordo com Womack & Jones (1996), o pensamento enxuto é enxuto na medida em que proporciona uma forma de fazer mais com menos (esforço humano, equipamento humano, tempo e espaço), ao mesmo tempo que se orienta para as necessidades do cliente. A metodologia Seis Sigma baseia-se numa abordagem orientada para os dados, utilizada para estabilizar o processo e obter resultados previsíveis, reduzindo as variações e os defeitos no processo em causa (Mousa, 2013). Bhasin & Burcher, (2006) afirmaram que o Lean não pode abordar estatisticamente as questões relacionadas com as variações no processo e o Seis Sigma não pode eliminar os desperdícios do processo. Mas, na vida real, os dados são confusos e nem sempre se enquadram em distribuições estatísticas normais em indústrias onde as variáveis são dinâmicas e medidas pela bitola das necessidades em constante mudança dos clientes, à medida que o âmbito e a profundidade das ferramentas disponíveis aumentaram. Dickson et al. (2009) e Holden, (2011) analisaram o impacto do método Lean em diferentes locais nos EUA e explicaram como o método Lean proporciona oportunidades de melhoria tanto para o trabalhador como para a cultura organizacional. Hors et al. (2012) geriram um projeto de investigação científica recorrendo ao LSS e à gestão de projectos. Apontam para a necessidade de integrar o Lean e o Seis Sigma, para demonstrar como integrar um conjunto de ferramentas, dar sentido a um problema não estruturado e concentrar-se no que é crítico para os clientes (Edgeman, 2010). Arnheiter & Maleyeff, (2005) analisaram duas metodologias populares de melhoria de processos, nomeadamente o Lean e o Seis Sigma, para comparar e contrastar as diferenças e os factores comuns que poderiam conduzir a um programa de melhoria contínua bem sucedido. Verificou-se que não existe um quadro normalizado para o Lean Six Sigma e para a sua implementação. Por conseguinte, o estudo sublinha a necessidade de um modelo Lean Seis Sigma integrado. Salah, (2010) discutiu os modelos existentes que explicam como o Seis Sigma e o Lean funcionam bem em combinação; e destacou os benefícios da integração do Lean e do Seis Sigma. Neste contexto, foi proposta uma nova descrição da integração do Lean e do Seis Sigma para a melhoria contínua.

Naslund, (2008) examina o Lean e o Seis Sigma como novos conceitos, ou a partir de métodos populares como a gestão da qualidade total (TQM) e o just-intime (JIT). O estudo sugere uma comparação do lean com o JIT e do seis sigma com o TQM. Além disso, foram analisados os factores críticos de sucesso (CSF) para os esforços de mudança. O estudo revela que os conceitos de Lean e Six Sigma não se juntam necessariamente aos conceitos de JIT e TQM. Mas o Lean e o Six Sigma foram substituídos pelo Lean Six Sigma. O estudo também analisou o QCA para estes métodos. Verificou-se a necessidade de uma abordagem quantitativa. Alsmadi e Khan, (2010) tentaram fornecer provas que propõem que a gestão optimizada e os seis sigma não são conceitos confusos. São, antes, extensões da gestão da qualidade total (TQM), tal como evoluíram a partir de várias teorias. Os autores desenvolveram um quadro integrado de lean sigma utilizando uma metodologia de triangulação que consiste numa análise da literatura, num inquérito Delphi e em entrevistas estruturadas para as indústrias transformadoras, com base nas lacunas da investigação e nas necessidades reais. Além disso, Shing et al. (2014) destacaram os pontos complementares da metodologia Lean Manufacturing e Six Sigma, e a fusão desses métodos para colher a melhor metodologia da classe. Alireza Shokri, (2017) efectuou uma análise híbrida de artigos sobre Lean, Six Sigma e Lean Six Sigma (LSS) e identificou as lacunas de investigação e os focos no desenvolvimento de um novo quadro. Verificou-se que ainda existem oportunidades em sectores como "fabrico geral", "cuidados de saúde", "automóvel" e "indústrias electrónicas" e áreas para mais trabalho de investigação, como "ferramentas e técnicas", "benefícios" e "factores de sucesso". A comparação entre Lean e Seis Sigma e o seu efeito sinérgico é apresentada no quadro 7.

Quadro 7 Princípio Lean vs. Princípio Six Sigma e sinergia

Princípio	***Enxuto***	***Seis Sigma***	***Lean Seis Sigma***
Origem	Toyota (Toyoda, Ohno e Shingo; 1950's)	Motorola e Genera Eletrónica (anos 80)	_
Estrutura de aplicabilidade	1. Especificar o valor; 2 - Identificar o fluxo de valor 3. Fluxo; 4. Puxar; e 5. procurar a perfeição	1. Definir; 2.Medida; 3. Analisar; 4. Melhorar; e 5. Controlar	Estrutura robusta centrada na eliminação de resíduos e resolução de problemas
Foco	No fluxo	Sobre o problema	Concentração simultânea na eliminação de problemas e na melhoria do fluxo de produção
Teoria	Eliminação de desperdícios e aumento dos lucros	Reduzir a variação e aumentar o lucro	Aumento das margens, do retorno do investimento e do valor das acções da empresa na bolsa de valores
Objetivo	Maximizar a produtividade	Maximizar os resultados comerciais	
Pressupostos	A redução dos resíduos aumenta o desempenho da empresa	Existe um problema a resolver; as	A tónica é colocada simultaneamente na redução dos resíduos e

		ferramentas estatísticas podem ajudar a resolver o problema através da redução da variabilidade nos processos	sobre a solução de um problema específico que pode ser um gerador de perdas

2.4.4 Gestão da qualidade total

Shapiro et al., (2008) Na implementação da TQM, é necessária uma melhor comunicação e coordenação entre peritos de vários departamentos da organização. Khanna et al., (2010) referiram que a maioria das indústrias na Índia implementou a TQM e obteve a certificação ISO. Por conseguinte, os fabricantes estão a concentrar-se fortemente na qualidade para satisfazer as exigências dos clientes. O governo indiano também está a tentar aumentar a qualidade dos produtos através da implementação de vários programas. Vedant et al., (2018) No seu estudo, investiga a extensão da TQM adoptada pelo sector industrial indiano e o seu impacto e relações com o desempenho empresarial.

2.4.5 KAIZEN

Imai et al., (1986) referiram que, no início, as actividades KAIZEN foram impulsionadas pela Toyota Motor Company no seu esforço para se tornar um pioneiro mundial do sector automóvel, que tentou insistir em mudanças graduais , num arranjo de esforço mínimo, no reforço representativo e no avanço da associação que detém a melhoria contínua com uma ênfase na melhoria do procedimento em oposição ao resultado. Palmer et al., (2001) investigaram que KAIZEN é formulado a partir de duas palavras japonesas "Kai" que significa mudança e "zen" que significa melhorar as coisas. Kaizen é uma forma de pensar japonesa que avança pequenos melhoramentos feitos devido a um esforço incessante. Marie et al., (2005) Segundo ele, o KAIZEN é talvez a melhor metodologia que pode ajudar as organizações a melhorar a sua apresentação através do benchmarking. Isto porque através do benchmarking as empresas podem aprender e receber um processo de negócio específico que devem pensar seriamente como vantajoso para ser executado no seu lugar Mohd et al., (2015) Relatou que a teoria KAIZEN depende do entendimento de que o método para a nossa vida requer uma melhoria constante. Assim, a abordagem mais ideal para responder a esta agressividade mundial em expansão é que as organizações liderem os exercícios de melhoria e prossigam com os destinos para diminuir os desperdícios. A Tabela 8 apresenta a correlação entre as várias técnicas de gestão de resíduos.

Tabela 8 Comparação das principais técnicas de gestão de resíduos (Mishra et al., 2008, Antony et al., 2012, Enaghani et al, 2009, Huaxing et al., 2017, Prakash et al., 2011)

Programa	**Seis Sigma**	**Enxuto Fabrico**	**TQM**	**KAIZEN**	**LSS**
Teoria	Reduzir a variação no processo	Remover resíduos	Sucesso a longo prazo através da satisfação do cliente	Melhoria contínua das práticas de trabalho	Melhorar o desempenho, eliminando sistematicamente os desperdícios e reduzindo as variações.
Diretrizes para a candidatura	Definir	Identificar o valor	Identificar a necessidade de uma mudança	Identificar uma oportunidade.	Diretrizes de aplicação Inclui a

	Medida	Identificar o valor Fluxo	Inquérito aos principais grupos de clientes	Analisar o processo.	abordagem DMAIC integrada com as ferramentas Lean Manufacturing
	Analisar	Fluxo	Mapear os principais processos e subprocessos	Desenvolver uma solução **óptima** sobre	
	Melhorar		Desenvolver um plano de melhoria	Implementar a solução.	
	Controlo	Perfeição	Medir e Relatório	Estudar os resultados.	
				Planear o futuro.	
Foco	Problema Focado	Fluxo de trabalho Focado	Cliente Satisfação	Garantir Melhorias	O Lean Six Sigma visa melhorar a eficiência através da melhoria da qualidade, da eliminação de variações e da reformulação dos procedimentos para reduzir os prazos de entrega, a eliminação de desperdícios e a redução de custos.
					manter níveis adequados de inventário, através da utilização de ferramentas analíticas sistemáticas.
Efeitos primários	Uniforme Processo Saída	Fluxo reduzido Tempo	Melhora Desempenho Medidas	Melhoria em Produtividade	Melhoria do desempenho financeiro, do desempenho operacional e do desempenho da inovação.
Secundário Efeitos	Menos Resíduos	Menos variação	Melhoria direcionada	Menos resíduos	Saída rápida
	Rápido Saída		Planeado manutenção		Redução de resíduos através da diminuição das variações nos processos
					Controlo melhorado
	Menos Inventário	Desempenho Fluxo Sistemas de medição	Manutenção da qualidade	Melhoria do empenhamento	Melhoria da competitividade
			Gestão do desenvolvimento		Melhoria da satisfação dos consumidores

					Melhoria da resolução de problemas

A secção n.º 4 do questionário consiste em perguntas feitas a várias PME para comparar as principais técnicas de gestão de resíduos com impacto na reputação da organização. A Tabela 9 representa as respostas das PME do sector transformador às principais técnicas de gestão de resíduos com base no seu impacto na reputação da sua organização.

Resíduos Técnica de gestão	**Q1**	**Q2**	**Q3**	**Q4**	**Q5**	**Q6**	**Q7**	**Q8**	**Q9**	**Q10**	**Total**	**% ge**
Seis Sigma	31	9	4	13	13	11	12	10	5	17	125	10
Enxuto	25	30	29	13	19	10	18	21	29	12	206	17
LSS	36	45	46	41	42	52	35	42	36	38	413	34
TQM	11	24	28	30	32	26	43	28	26	36	284	23
JIT	18	13	14	24	15	22	13	20	25	18	182	15

Os resultados da tabela 9 reflectem que o LSS está a ter um grande impacto na reputação das PME, uma vez que 34% das respostas às perguntas colocadas são a favor do LSS. Ao mesmo tempo, a TQM tem 23% das respostas às perguntas colocadas, seguida do Lean Manufacturing.

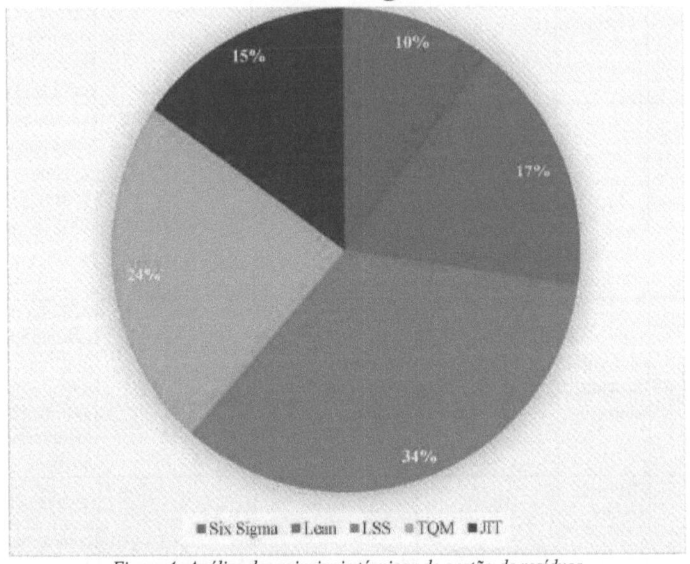

Figura 4: Análise das principais técnicas de gestão de resíduos

2.5 Estratégia para o estudo da literatura

O presente estudo bibliográfico incorpora os artigos de jornais revistos pelos pares, livros e artigos da Web disponíveis na Internet com efeitos de gestão relativos aos efeitos da implementação do LSS. A Figura 5 mostra os vários passos metodológicos seguidos durante o presente trabalho de investigação. No total, 127 artigos foram considerados adequados para o presente estudo. Após a extração de artigos adequados e de artigos de tendência adequados em revistas de renome, foi preparado um quadro concetual a partir de observações e subjacente às correntes de investigação e, em conformidade, um resumo da aprendizagem e da investigação futura.

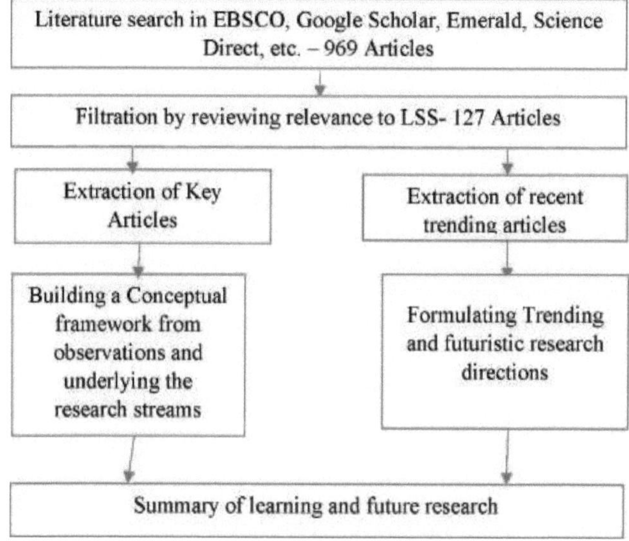

Figura 5: Metodologia de investigação

O Total Local Citation (TLC) foi calculado com base no número total de 969 artigos encontrados em vários motores de busca. TLC é o número de citações de artigos publicados nesse ano a partir da amostra de 969 artigos publicados entre 1990 e 2018. O objetivo subjacente à escolha do ano de 1990 como início é o ponto de partida do debate sobre o fabrico enxuto e sustentável, que pode ser localizado neste período de tempo específico (Faulkner et al., 2014; Larson et al., 2004; Lorenz et al., 2011). Foi feito um levantamento exaustivo da literatura disponível para concluir os resultados significativos e também para descobrir as várias lacunas, a fim de realizar trabalhos de investigação no futuro. Na primeira parte da análise descritiva do inquérito, verificou-se a distribuição dos artigos de investigação publicados durante o período de 1990 a 2018 e, em seguida, foram esboçadas as publicações em várias revistas de renome. Na parte seguinte do inquérito, foram avaliadas as aplicações geográficas do Lean Six Sigma. Em seguida, a literatura relacionada com os vários sectores foi classificada para analisar o âmbito da aplicação do LSS. Na parte seguinte do estudo, foram identificados os factores determinantes e os obstáculos associados ao êxito da aplicação do LSS. Os critérios de investigação que envolvem várias palavras-chave, motores de busca, inclusões e exclusões do estudo estão enumerados no quadro 10.

Quadro 10: Critérios de investigação

Palavras chave	**Motores de pesquisa**	**Inclusões**	**Exclusões**
Lean Manufacturing, Six Sigma, Lean Six Sigma, Revisão Sistemática da	Science direct, Emerald, Google Scholar, Elsevier, Taylor & Francis,	Vários artigos de investigação e revisão baseados no LSS publicados entre 1990 e 2018. Artigos baseados na análise	Base de dados não académica, artigos com análises fracas, livros, sítios em

Literatura, Ferramentas da Qualidade, DMAIC, etc.	etc.	quantitativa e qualitativa de instrumentos de qualidade.	linha, etc.

2.6 Análise descritiva

O presente estudo investiga os artigos de investigação publicados ao longo do período, a fim de observar o padrão da investigação efectuada no passado.

2.6.1 Distribuição das revistas ao longo dos anos

A distribuição de todos os 127 artigos de investigação publicados desde o ano de 1990 até 2018 é apresentada na figura 6. Inicialmente, o termo LSS foi notado no ano de 1990 por Rothenberg et.al*(2001)* como um trabalho de investigação que foi dirigido pelo Programa Internacional de Veículos Motorizados, no Instituto de Tecnologia de Massachusetts, inferiu-se que havia uma ligação entre as práticas enxutas e ecológicas. A apresentação gráfica ilustrada na fig. 5 reflecte a distribuição das publicações por ano. Verificou-se que mais de 80% dos artigos foram publicados na última década e meia, ou seja, entre 2003 e 2018. A partir das tendências das publicações reflectidas na representação gráfica, observou-se que o ano de 2013 tem 18 publicações, seguido do ano de 2009, no qual foram registadas 17 publicações. Observou-se também que os artigos de investigação publicados durante o período de 1990 a 2003 foram muito poucos, uma vez que a frequência de publicação de artigos de investigação durante este período foi de um a dois artigos por ano. Esta tendência reflecte que os investigadores estão a concentrar-se mais rigorosamente no LSS como técnica de gestão de resíduos na última década e meia.

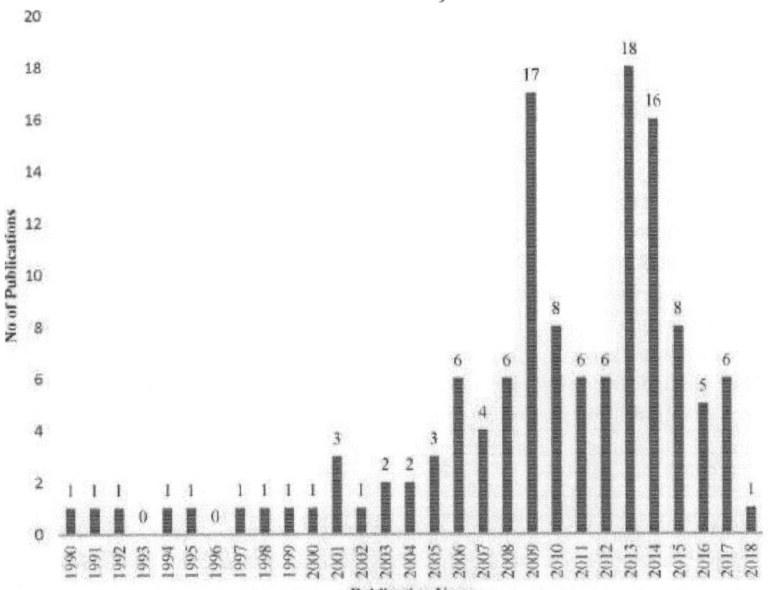

Figura 6: Distribuição das publicações por ano durante o período de tempo

A partir de uma série de artigos de investigação revistos, verificou-se que o LSS também está a ter uma grande influência nas estratégias empresariais destas organizações de produção. No presente estudo, foram considerados artigos de investigação de revistas de renome para efeitos de revisão. A ilustração gráfica da figura 7 mostra a distribuição dos artigos de investigação por revista. Observou-se que o International Journal of Quality and Reliability publicou 19 publicações de investigação. Revistas especializadas como Management decisions e International Journal of Lean Six Sigma também publicaram 10 publicações de investigação cada uma ao longo dos últimos anos. Além disso, observou-se que muitas outras revistas de engenharia industrial e de gestão industrial também publicaram artigos de investigação relacionados com o LSS no passado recente.

Distribuição dos artigos de revisão por revista

Figure 7: Distribuição dos artigos de revisão por revista

2.6.2 Aplicação geográfica do LSS

Após uma pesquisa exaustiva da literatura relacionada com o LSS, observou-se que países desenvolvidos como os EUA estão a utilizar fortemente esta técnica nas suas organizações industriais e no sector dos serviços e estão também a colher bons resultados. Ao mesmo tempo, nações como o Brasil e a Escandinávia também estão a utilizar esta técnica em grande medida. No nosso inquérito, verificámos que os países subdesenvolvidos e em desenvolvimento utilizam muito raramente esta técnica nas suas organizações industriais. A Figura 8 mostra a utilização do LSS para garantir a sustentabilidade nos vários países desenvolvidos, em desenvolvimento e subdesenvolvidos. Observou-se que apenas 2% das organizações industriais na Índia estão a utilizar o LSS como técnica de gestão de resíduos. Esta análise reflecte que as nações avançadas dependem bastante do LSS para a sua sustentabilidade e torna-se importante que as nações em desenvolvimento e subdesenvolvidas também incorporem estratégias LSS nas suas organizações industriais para obterem melhores resultados e permanecerem competitivas e sustentáveis.

Domínio geográfico de aplicação do Lean Six Sigma

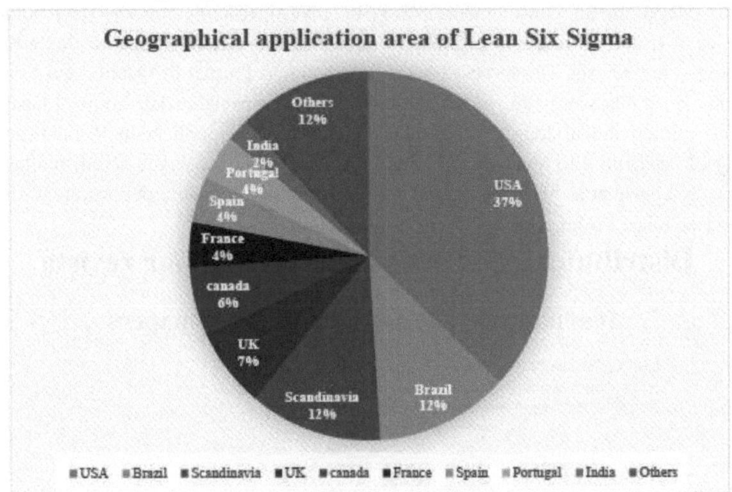

■ EUA■ Brasil■ Escandinávia -ÜK ■ Canadá■ França■ Espanha■ Portugal■ Índia■ Outros

Figure 8: Área geográfica de aplicação do Lean Six Sigma (Goldino et al. 2016)

2.6.3 Distribuição dos trabalhos de investigação com base nos seus clusters

A distribuição por clusters de vários artigos de investigação publicados durante a última década e meia está representada na figura 9. O inquérito revela que 30% de um cluster industrial de componentes automóveis está a implementar a abordagem LSS nas suas organizações, seguido do cluster da indústria de máquinas-ferramentas, no qual se regista 19% de implementação de técnicas LSS. A distribuição revela também que a aplicação do LSS é de 12% e 11% nos clusters dos têxteis e dos hospitais, respetivamente. A gestão da cadeia de abastecimento e a indústria metalúrgica também utilizam o LSS em 9% e 8%, respetivamente. A aplicação do LSS no sector aeroespacial e da fundição é de apenas 6% e 5%, respetivamente. A partir desta análise baseada em clusters, observou-se que as estratégias LSS podem contribuir significativamente tanto no sector industrial como no sector dos serviços.

DISTRIBUIÇÃO DA INVESTIGAÇÃO EMPÍRICA POR SECTOR INDUSTRIAL

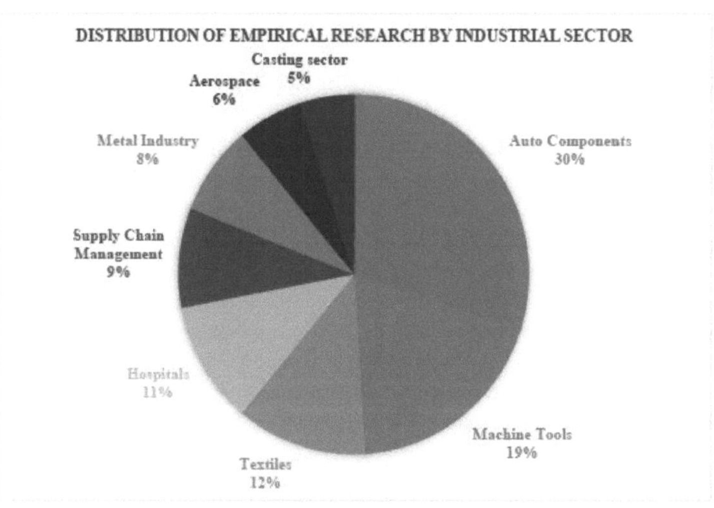

Figura 9: Distribuição da investigação empírica em vários grupos

2.7 Factores determinantes do sistema integrado

No que diz respeito à abordagem LSS, há uma série de factores impulsionadores que são influenciados por ela, ao mesmo tempo que há uma série de barreiras também associadas a esta técnica. Torna-se agora necessário identificar os factores determinantes e os obstáculos significativos do LSS. O quadro 11 mostra a sinergia entre os vários factores impulsionadores associados ao LSS. Os factores que não têm influência são representados por (00), enquanto (+) representa um efeito moderado e (++) mostra o efeito elevado desse fator. Os principais factores determinantes incluem a qualidade do produto, a redução dos custos, a redução dos resíduos, a satisfação do cliente, a presença no mercado ou a marca, a gestão dos riscos, a reputação, a gestão dos recursos e a redução dos custos de inventário (Herrmann *et al.*, 2008; Hilton *et al.*, 2012). Muitos investigadores propuseram que a redução dos resíduos, das emissões e o aumento da reciclagem estão associados ao desempenho financeiro (King *et al.*, 2001). Os factores externos incorporam compradores, controladores e investidores (Klotz *et al.*, 2007; Manville *et al.*, 2017). Todas as organizações, independentemente do seu tamanho, localização, são forçadas por clientes, controladores, concorrentes e diferentes parceiros a avaliar e ajustar os seus procedimentos com um objetivo final específico para melhorar o seu desempenho natural e social (Wilson *et al.*, 2015).

Quadro 11: Motivações para integrar sistemas (++ forte, + moderado, 0 sem influência).

Condutor	Influência dos condutores	
	Enxuto Fabrico	Seis Sigma
Qualidade do produto	+	++
Redução de custos	+	++
Redução de resíduos	++	++
Satisfação do cliente	+	++
Presença no mercado ou branding.	0	0
Gestão do risco	0	+
Reputação	0	0

Gestão de recursos	+	+
Redução do custo das existências	+	++

Fonte: (Herrmann *et al.*, 2008; Kleindorfer *et al.*, 2005)

Tal como ilustrado no quadro 11, o Lean Manufacturing contribui moderadamente para a qualidade do produto, enquanto é altamente influenciado pelo Six Sigma. Mais uma vez, o Lean Manufacturing contribui moderadamente para a redução dos custos, sendo muito influenciado pelo Six Sigma. O Lean Manufacturing e o Six Sigma estão a ter um nível de influência muito mais elevado na redução dos resíduos. A satisfação do cliente é altamente influenciada pelo Seis Sigma e tem um efeito moderado no Lean Manufacturing. Não há influência do Lean Manufacturing nem do Six Sigma na presença no mercado ou na marca. O Lean Manufacturing não tem qualquer efeito e o Six Sigma tem um efeito moderado na gestão dos riscos. Não há efeito direto do Lean Manufacturing e do Seis Sigma na reputação da organização. A gestão dos recursos é moderadamente afetada pelo Lean Manufacturing e pelo Seis Sigma. A redução do inventário é moderadamente afetada pelo Lean Manufacturing e altamente afetada pelo Six Sigma.

2.8 Obstáculos ao sistema integrado

Apesar da integração e implementação eficazes do fabrico Lean e do Six Sigma em vários clusters das organizações industriais e do sector dos serviços, também se observam várias barreiras associadas à implementação do LSS. Estas incluem a falta de infra-estruturas relacionadas e a falta de profissionais formados (Sandhu *et al.*, 2012), um fator de custo mais elevado (Florida *et al.*, 1996; Galdino *et al.*, 2015) e a falta de envolvimento dos recursos humanos em projectos LSS (Dakov *et al.*, 2007).

O quadro 12 apresenta os principais factores que constituem as barreiras à adoção do LSS nas organizações industriais. Para cada barreira, a tabela 12, mostra também a intensidade do impacto nos outros sistemas.

Quadro 12: Barreiras ao Lean e ao Six Sigma (++ forte, + moderado, 0 sem influência).

Barreira	**Lean Manufacturing**	**Seis Sigma**
Falta de infra-estruturas conexas	+	+
Falta de profissionais formados	+	+
Falta de envolvimento dos recursos humanos nos projectos Lean Six Sigma	+	+
Decisões de melhoria	++	++
Problemas de compatibilidade dos equipamentos	0	0
Falta de planeamento prévio	++	++

Após a revisão de vários estudos relacionados com o fabrico Lean e o Seis Sigma, alguns dos autores trabalharam sobre a sinergia dos dois conceitos, ou seja, o fabrico Lean e o Seis Sigma (Bergmiller *et al.*, 2009; Cabral *et al.*, 2012; Bacoup *et al.*, 2018; Larson *et al.*, 2004), enquanto outros são da opinião de que não há ligação entre o fabrico Lean e o Seis Sigma (Wong *et al.*, 2014; Rothenberg *et al.*, 2001). Estas revisões propuseram que a integração do fabrico Lean e do Seis Sigma pode ter impactos positivos e negativos na execução financeira, social e ecológica. Compreender as energias cooperativas interessadas na implementação do Lean Manufacturing e do Six Sigma pode ajudar as organizações a colmatar o fosso entre as duas técnicas. Utilizando os nossos resultados do inquérito revisto, este segmento analisa as sinergias e os conflitos entre o Lean Manufacturing e o Seis Sigma, bem como as suas semelhanças e diferenças. Apesar das poucas sinergias distinguidas no último segmento do estudo, o fabrico Lean e o Seis Sigma não podem ser perfeitamente combinados (Krishnan *et al.*, 2013). A abordagem LSS reduz o desperdício, reduzindo regularmente os produtos defeituosos fabricados na organização industrial. (Larson *et al.*, 2004; Pampanelli *et al.*, 2014).

2.9 Lacuna de investigação

Após uma análise exaustiva da literatura, verificou-se que a redução dos resíduos pode desempenhar um papel fundamental para maximizar os lucros das PME indianas. No passado, várias técnicas de redução de resíduos foram utilizadas por diversos investigadores, tais como TQM, controlo da qualidade, JIT, KAIZEN, 5S, Lean Manufacturing, Six Sigma, etc. Mas verificou-se que estas técnicas são menos eficazes para dar os resultados desejados devido a várias razões. De um modo geral, são encontradas abordagens orientadas para o produto, em vez de técnicas de gestão da sucata orientadas para o processo.

O LSS é uma técnica de redução de desperdícios que é atualmente muito utilizada nos Estados Unidos da América, sendo obtidos bons resultados após a sua correta aplicação. No entanto, a partir da pesquisa bibliográfica, observou-se que o LSS é uma técnica muito raramente utilizada no ambiente industrial indiano. Por conseguinte, existe uma grande margem de manobra para a implementação da técnica LSS nas PME indianas e para observar as mudanças subsequentes. A partir da literatura analisada, observou-se que não existe um procedimento normalizado para a implementação de técnicas LSS nas indústrias. Existe mesmo uma falta de abordagem profissional para lutar pela gestão dos resíduos. É necessária uma formação adequada para os cintos verdes, os cintos amarelos e os cintos traseiros, bem como uma formação suplementar da força de trabalho, a fim de implementar o LSS.

A revisão da literatura sobre o Lean Manufacturing e o Six Sigma para efeitos de sustentabilidade do sector indiano das PME transformadoras revelou uma escassez. De acordo com Park et al. (2008), o Lean Manufacturing e o Six Sigma podem ser significativamente eficazes para melhorar o desempenho social, económico e ambiental. Vários modelos e quadros relacionados com a técnica híbrida de gestão de resíduos LSS foram propostos e aplicados em países desenvolvidos como os EUA, o Brasil, a Escandinávia, o Reino Unido, etc., mas a aplicação de modelos LSS foi considerada muito rara no sector industrial indiano.

Os países desenvolvidos estão a implementar o LSS na maioria das suas organizações de produção e a colher grandes benefícios em termos de sectores sociais, económicos e ambientais devido ao elevado sucesso desta técnica (Banawi et al., 2014; Cluzel et al., 2010). Nos países em desenvolvimento, como a Índia, o sector da indústria transformadora enfrenta problemas relacionados com o crescimento económico, a criação de emprego e as inovações.

2.10 Formulação do problema

A partir da literatura analisada, é evidente que, devido à má gestão da sucata, as PME indianas estão a enfrentar enormes perdas financeiras. Mesmo após a implementação incorrecta das técnicas de gestão da sucata, a produção de má qualidade está a fazer com que estas organizações percam também as suas oportunidades de negócio. Devido a esta má gestão da sucata, o crescimento da economia de uma nação em desenvolvimento como a Índia está a ter um custo muito elevado. Devido à utilização inadequada dos recursos disponíveis, a maioria das PMEs está a sofrer perdas em termos de energia, matérias-primas, maquinaria, mão de obra, etc., o que é considerado uma das principais causas do aumento das importações no passado recente. A figura n.º 10 representa a taxa de crescimento anual das importações da Índia desde 1970. Como se pode ver, em 1970, as importações totais da Índia representavam

1,9% do rendimento per capita, tendo aumentado para 23,5% em 2015. Estes dados representam como, após a independência de mais de 65 anos, ainda temos de importar produtos e serviços para satisfazer plenamente as nossas necessidades. Esta taxa crescente de importação explica por si só o facto de a nossa indústria não ser capaz de satisfazer as nossas necessidades anuais. A elevada taxa de refugo e a incapacidade de satisfazer as encomendas mensais são as principais razões para tais incómodos. Por conseguinte, nos tempos actuais, surgiu uma grande necessidade de abordar todas estas questões. Assim, para que o sector das PME com condições de produção deficientes possa competir, é necessário controlar os seus resíduos de forma eficiente e eficaz. Por conseguinte, é necessário estabelecer um modelo avançado de técnicas eficazes de gestão de resíduos, equipado com técnicas avançadas de gestão de resíduos. A implementação de tais técnicas pode ajudar os gestores das PME do sector transformador a aumentar os seus lucros através da redução dos resíduos nas suas organizações. Assim, depois de analisar a tendência acima referida, podemos dizer que "a gestão de resíduos nas PME indianas é a necessidade do momento". Isto não só aumentará a produtividade como também ajudará a poupar os nossos recursos.

Há uma necessidade premente de sugerir e implementar uma nova técnica de gestão de resíduos nestas organizações e de estudar o efeito da técnica implementada em termos de benefícios financeiros.

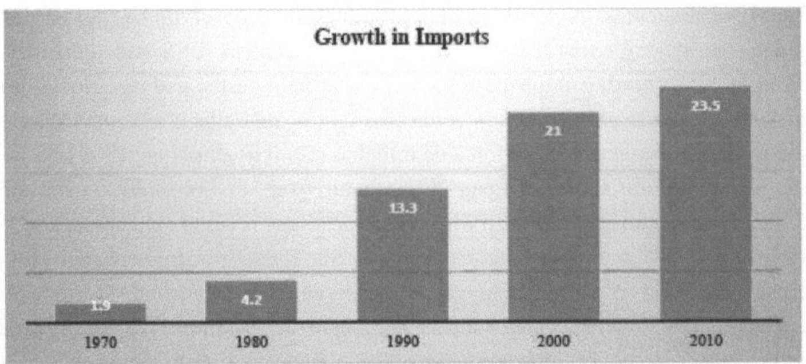

Figura 10: Crescimento anual do rendimento per capita das importações (Fonte: RBI- Yearly handbook 2014)

2.11 Observações finais

O presente estudo inclui a revisão de 127 artigos de investigação, que foram publicados durante o período de 1990 a 2018. No nosso estudo, observou-se que as nações desenvolvidas, como a América e os países europeus, estão a aplicar amplamente a abordagem LSS no seu sector industrial e de serviços para garantir a sustentabilidade. Ao mesmo tempo, observa-se uma sensibilização muito menor para o LSS nos países em desenvolvimento e subdesenvolvidos. Recomenda-se vivamente que as PMEs de todo o mundo sejam altamente motivadas a implementar as estratégias LSS nas suas organizações para garantir a sustentabilidade.

Foi observado durante o inquérito bibliográfico que 30% do sector automóvel está a utilizar a técnica LSS para a sustentabilidade, ao mesmo tempo que outros sectores de produção importantes, como a indústria de máquinas-ferramentas e a indústria têxtil, estão também a utilizar a técnica LSS, respetivamente 19% e 12%, para se manterem sustentáveis no atual ambiente competitivo. Ao mesmo tempo, as unidades de fundição raramente utilizam esta técnica, uma vez que se observou que apenas 5% do sector da fundição a aplica nas suas unidades. Alguns dos sectores industriais, como os hospitais e a indústria aeroespacial, que se enquadram no sector dos serviços, também utilizam esta técnica para garantir a sustentabilidade.

CAPÍTULO 3

INQUÉRITO E RECOLHA DE DADOS

3.1 Inquérito às PME

Este capítulo apresenta o procedimento do inquérito realizado para efeitos de recolha de dados relacionados com a gestão de resíduos em várias PME da Índia. Churchill et al., (1995) apresentaram uma visão geral dos diversos tipos de investigação baseada em inquéritos. Tranfield et al., (2003) afirmaram que o inquérito sistemático e a recolha de dados se tornaram uma "atividade científica fundamental". O presente estudo é composto por várias fases, em que, em primeiro lugar, foi feito um levantamento exaustivo da literatura relativa, com o objetivo de preparar um questionário relevante para várias técnicas de gestão de resíduos implementadas em PME na Índia e no mundo. Posteriormente, foi formulado um questionário numa escala de Likert de cinco e foi concebida a metodologia para a recolha de dados. Na secção inicial do questionário, foram feitas perguntas para comparar várias técnicas de gestão de resíduos. As PME do sector transformador foram identificadas em toda a Índia e foram selecionadas PME de vários sectores transformadores. De acordo com o relatório anual das MPME de 2016-2017 do ministério das micro e pequenas empresas da Índia, as pequenas e médias empresas (PME) são entendidas na Índia como empresas em que o investimento em instalações e maquinaria ou equipamento se situa entre 25 lakhs (0,04 milhões de dólares americanos) e 10 crores (1,6 milhões de dólares americanos) no caso de uma indústria transformadora. O questionário preparado foi ainda enviado a vários peritos industriais e académicos para sugestões e melhorias. Após a implementação das melhorias e sugestões necessárias, o questionário modificado foi enviado para um inquérito-piloto para verificar a validade e a autenticidade do questionário. Além disso, o questionário finalizado foi enviado a mais de seiscentas e cinquenta PMEs para captar a voz das organizações industriais relativamente ao sucesso da técnica de gestão de resíduos implementada. Destas, cento e trinta responderam e cento e vinte e uma respostas foram consideradas adequadas para análise posterior. A partir do inquérito, verificou-se que várias PME na Índia estão a utilizar diferentes técnicas de gestão de resíduos, como o Lean Manufacturing, o Six Sigma, o 5S, o TPM, o LSS, etc. Foi preparada uma folha de cálculo para compilar numa única folha a opinião de várias PME sobre o sucesso da técnica de gestão de resíduos implementada.

3.2 Organização do questionário

Foi especialmente concebido um questionário simples, pertinente e exaustivo, com cerca de 200 perguntas. O questionário procura obter informações sobre a situação das diferentes técnicas de gestão de resíduos implantadas na indústria transformadora indiana. Todas as perguntas são de escolha múltipla e fechadas numa escala. O questionário foi dividido em diferentes secções. Inicialmente, foram colocadas questões relacionadas com a estrutura organizacional, ou seja, nome e endereço da organização, produtos da organização, volume de negócios atual, quota de mercado, etc. O questionário procura ainda obter informações sobre a comparação de várias técnicas de gestão de resíduos utilizadas em organizações de PME na Índia. A parte seguinte do questionário recolhe informações sobre o impacto da técnica de gestão de resíduos implementada na organização industrial. Posteriormente, foram perguntados os principais factores relacionados com a técnica de gestão de resíduos que afectam a reputação da organização industrial. A parte seguinte do questionário consiste em várias perguntas relacionadas com o acesso ao nível da técnica de gestão de resíduos implementada na organização. Por último, foram colocadas várias questões relacionadas com as barreiras à implementação da técnica de gestão de resíduos.

A fiabilidade dos dados foi testada calculando o valor alfa de Cronbach dos vários segmentos do questionário . Tal como representado no quadro 13, o valor alfa de Cronbach dos vários segmentos do questionário foi superior a 0,6, o que indica uma elevada fiabilidade dos dados disponíveis solicitados nos vários segmentos do questionário. (Narasimhan et al., 2004) *Quadro 13: Alfa de Cronbach para vários segmentos do questionário*

S.n.	Construir	Abreviatura	Alfa de Cronbach
1	Definir	DE	0.923
2	Medida	ME	0.893
3	Análise	AN	0.928
4	Melhorias	IM	0.940
5	Controlo	CO	0.955
6	5s	5s	0.862
7	Mapeamento do fluxo de valor	VSM	0.909
8	Fluxo de uma unidade	SUF	0.917
9	TPM	TPM	0.918
10	Atingir a perfeição	AP	0.914
11	Redução do custo operacional	ROC	0.940
12	Nível de consciencialização	AL	0.808
13	Redução de sucata	SR	0.903
14	Aumento do lucro	IP	0.937
15	Equilíbrio do fluxo de trabalho	WB	0.918
16	Conformidade das encomendas dos clientes	COC	0.932
17	Redução de defeitos	RD	0.936
18	Redução das avarias de máquinas	RMB	0.919
19	Redução do inventário	RI	0.939
20	Aumento da produção	PII	0.916

3.3 Resumo das respostas da organização geral

As respostas obtidas de várias indústrias foram analisadas para categorizar as organizações, como mostra a Tabela 14.

3.3.1 Tipo de organizações

O estudo centra-se nas pequenas e médias empresas transformadoras de toda a Índia. Os dados recolhidos para a presente investigação envolvem 63 respostas de organizações de pequena escala e 58 respostas de organizações de média escala e são apresentados na Figura 11 (a).

Quadro 14: Repartição das respostas obtidas através de um questionário

Categoria	**N.º de Inquiridos**	**Percentagem de inquiridos**
Tipo de indústria		
Pequena escala	63	52.06
Escala média	58	47.93
Volume de negócios em Rúpias (Crores)		
Menos de 10 Cr	31	25.61
10-25 Cr	10	8.26
25-50 Cr	37	30.57
50-75 Cr	11	9.09
Mais de 75	32	26.44

Cr		
Número de empregados		
Menos de 50	28	23.14
50-100	12	9.91
101-200	36	29.75
Mais de 200	45	37.19
Tipo de produção		
Contínuo	33	27.27
Massa	18	14.87
Lote	42	34.71
Ordem de serviço	28	23.14
Quota de mercado (percentagem)		
Menos de 10	44	36.36
10 a 20	38	31.4
20 a 30	14	11.57
30 a 40	20	16.52
Mais de 40	5	4.13

3.3.2 Volume de negócios anual PME

Os dados foram recolhidos relativamente ao volume de negócios atual das organizações, de modo a estimar o volume de negócios realizado pela organização inquirida. Das 121 respostas, 26% das organizações têm um volume de negócios anual inferior a 26%. Há 8% de organizações que têm um volume de negócios anual entre 10 e 25 milhões, 31% entre 25 e 50 milhões, outros 9% têm entre 50 e 75 milhões e há 26% de organizações que têm mais de 75 milhões, como mostra a Fig. 11 (b). Isto indica a representação significativa de todos os segmentos e implica a inclusão de organizações emergentes do país na antevisão do estudo.

Figura11:(a) Tipo de indústria (b) Volume de negócios em rupias (c) Quota de mercado (percentagem) (d) Número de empregados (e) Produção

Tipo de produção

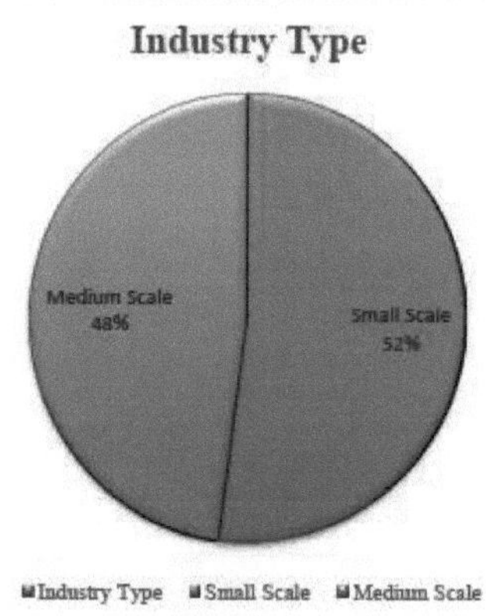

(a)

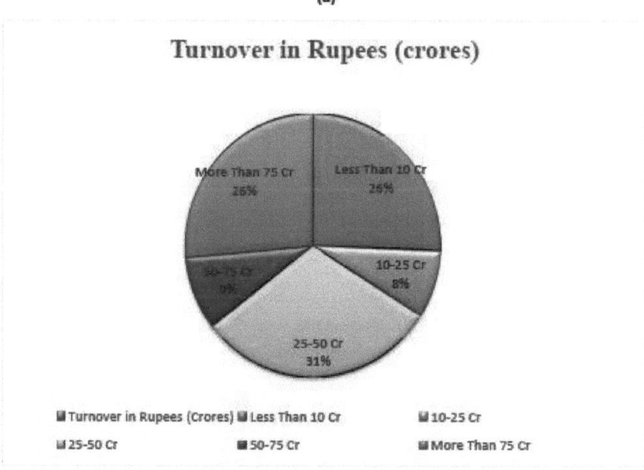

(b)

3.3.3 Quota de mercado das PME

Os dados também foram recolhidos para conhecer a atual quota de mercado adquirida pela organização e são apresentados na Fig. 11 (c). A quota de mercado é o número total de vendas dos produtos oferecidos por uma organização num determinado mercado e é frequentemente apresentada como uma percentagem, sendo um bom indicador do desempenho em comparação com os concorrentes no mesmo sector de mercado.

Verificou-se que 36% das organizações têm uma quota de mercado inferior a 10% do mercado total, 31% das organizações situam-se no intervalo de 10% a 20%, outras 12% das organizações situam-se no intervalo de 20% a 30%, 17% no intervalo de 30% a 40% e 4% das organizações adquirem mais de 40% da quota de mercado total.

Quota de mercado

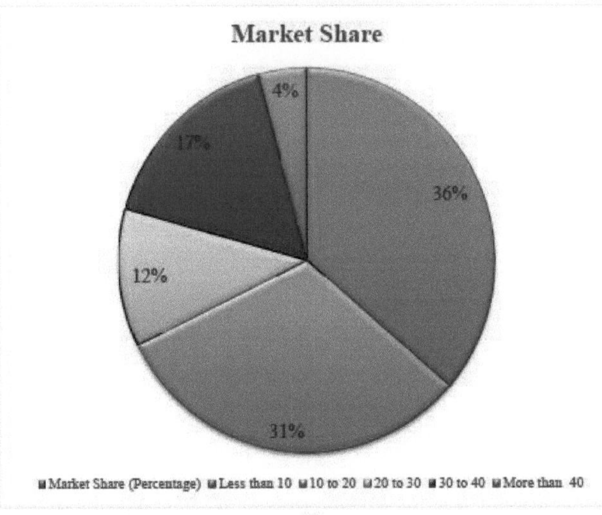

(c)

3.3.4 Tipo de sistema de produção

Os dados revelam que uma grande percentagem das organizações que participaram no estudo tem um sistema de produção de tipo contínuo. 27% das organizações têm um sistema de produção de tipo contínuo, 15% têm um sistema de produção em massa, 35% têm um sistema de produção por lotes e apenas 23% das organizações têm um sistema de produção por encomenda, como mostra a Fig. 11 (d).

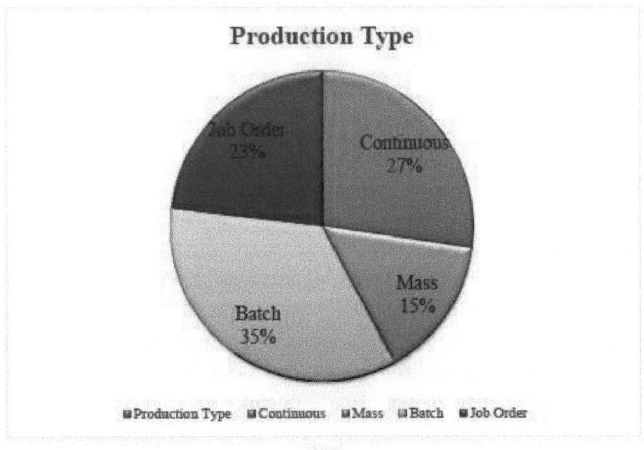

(d)

3.3.5 Número de trabalhadores

Os dados mostram que 37% das organizações têm mais de 200 trabalhadores, 30% têm 101 a 200 trabalhadores, 10% têm 51 a 100 trabalhadores e as restantes 23% têm menos de 250 trabalhadores.

Número de empregados

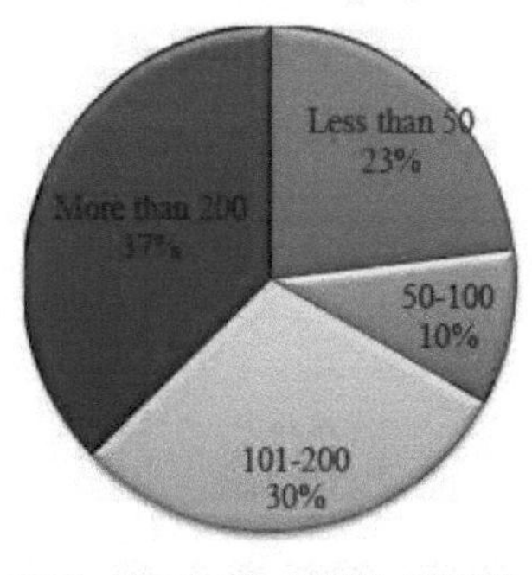

(e)

-(Número de empregados -(Menos de 50 -150-100 U101-200 Mais de 200

3.4 Impacto da técnica de gestão de resíduos

A tabela no. 15 mostra o impacto da técnica de gestão de resíduos implementada nos vários aspectos da organização. Observou-se que a melhoria da técnica de gestão de resíduos implementada está a ter o maior impacto no desempenho global da organização, uma vez que o valor do PPS é de 75,54%, ao mesmo tempo que as estratégias de melhoria contínua estão a ter o segundo maior impacto, uma vez que o valor do PPS é de 73,06%. A implementação do Lean Six Sigma como técnica de gestão de resíduos também é de grande importância, uma vez que o PPS é de 72,73%, ao mesmo tempo que a análise regular do fluxo de trabalho também é de importância semelhante, uma vez que o seu valor PPS também é de 72,73%. O valor de PPS da gestão dos custos totais é de 71,74% e a compatibilidade da estratégia de gestão de resíduos com o ambiente de produção é de 71,40%. A restauração do equipamento tem um valor de PPS de 66,12%, o que reflecte a sua importância relativamente menor.

Quadro 15: Impacto da técnica de gestão de resíduos

Impacto da técnica de gestão de resíduos								
S.N.	Pergunta/problema	Número de respostas (Ni) com cada opção de pontuação (Si)					Total de pontos marcados (TPS^ (Ni*Si)	Percentagem Pontos marcados (PPS)
		1	2	3	4	5		
1	Redesenho estrutural para a redução de resíduos.	3	17	46	35	20	415	68.60
2	Compatibilidade da estratégia de gestão de resíduos com o ambiente de produção.	2	12	38	53	16	432	71.40
3	Gestão do custo total.	0	15	37	52	17	434	71.74
4	Nível de competência de mestre cinto preto/cinto preto.	3	10	50	32	26	431	71.24
5	Análise de valor.	10	9	44	33	25	417	68.93
6	Capacidade financeira.	13	9	35	35	29	421	69.59
7	Definição de prioridades, seleção,	3	26	32	38	22	413	68.26

	análises e acompanhamento de projectos.							
8	A eficácia do programa de formação lean six sigma.	7	10	30	61	13	406	67.11
9	Estratégias de melhoria contínua.	0	18	28	53	22	442	73.06
10	Redução do tempo de ciclo.	2	8	56	39	16	422	69.75
11	Atualização da técnica de gestão de resíduos.	4	8	31	46	32	457	75.54
12	Análise do fluxo de processos.	3	19	42	31	26	421	69.59
13	Análise do fluxo de materiais.	3	18	42	39	19	416	68.76
14	Aplicação da teoria das restrições.	9	21	41	39	11	385	63.64
15	Nível de desperdício na sua organização.	3	10	50	32	26	431	71.24
16	Análise do fluxo de trabalho.	4	6	39	53	19	440	72.73
17	5S é a implementação.	0	11	31	52	27	358	59.17
18	Implementação da Análise à Prova de Erros.	3	25	43	32	18	400	66.12
19	Normalização dos processos.	3	10	46	43	19	428	70.74
20	Implementação da Manutenção Preventiva.	7	17	22	47	28	435	71.90
21	Implementação da manutenção autónoma.	3	20	34	38	26	427	70.58
22	Restauro do equipamento.	2	22	45	39	13	400	66.12
23	Nível de eliminação de pequenas paragens no fluxo de trabalho.	3	12	41	41	24	434	71.74
24	Implementação do Six Sigma.	4	15	34	46	22	430	71.07
25	Implementação de estratégias Lean.	7	20	31	38	25	417	68.93
26	Implementação do Lean Six Sigma (LSS).	2	17	29	48	25	440	72.73
27	Implementação da Manutenção da Qualidade Total (TQM).	10	14	19	57	21	428	70.74
28	Implementação Just in time (JIT).	11	5	35	49	21	427	70.58

Figura 12: (a) Impacto das técnicas de gestão de resíduos em função da questão (b) Impacto da gestão de resíduos em função da organização

Técnica

(a)

IMPACT OF WASTE MANAGEMENT TECHNIQUES

%ge Performance Rating

ORGANIZATION NO

(b)

3.5 Efeito das principais técnicas de gestão de resíduos na reputação da organização A partir da tabela 16, observa-se que o aumento da quota de mercado é o fator com maior impacto para a técnica de gestão de resíduos implementada no que diz respeito à reputação da organização. Ao mesmo tempo, o valor do PPC da imagem competitiva melhorada da organização é de 71,74%. O valor PPS da excelência nas vendas é de apenas 52,23%, o que mostra que a técnica de gestão de resíduos implementada está a ter um impacto muito menor na reputação da organização.

Quadro 16: Efeito das principais técnicas de gestão de resíduos na reputação de uma organização

Efeito das principais técnicas de gestão de resíduos na reputação de uma organização				
S.N.	**Pergunta/problema**	**Número de respostas (Ni) com cada**	**Total de pontos**	**Pontos**

		opção de pontuação (Si)					marcados (TPS^(Ni*Si)	percentuais pontuados (PPS)
		Seis Sigma	Enxuto	LSS	TQM	JIT		
1	Excelentes vendas.	31	25	36	18	11	316	52.23
2	Aumento do lucro.	9	30	45	24	13	365	60.33
3	Custo competitivo do produto.	4	29	46	28	14	382	63.14
4	Aumento da quota de mercado.	13	13	41	30	24	493	81.49
5	Melhoria da imagem competitiva.	13	19	41	32	16	434	71.74
6	Aumento da produtividade.	11	10	52	26	22	401	66.28
7	Excelente qualidade do produto.	12	18	35	43	13	390	64.46
8	Aumento da satisfação do cliente.	10	21	42	28	20	400	66.12
9	Envolvimento total dos trabalhadores.	5	29	36	26	25	375	61.98
10	Excelente cultura de trabalho.	17	12	38	36	18	406	67.11

Figura 13: (a) Classificação do desempenho em função da questão da técnica de gestão de resíduos implementada em várias organizações (b)
Efeito das principais técnicas de gestão de resíduos na organização

EFEITO DAS PRINCIPAIS TECNOLOGIAS DE GESTÃO DE RESÍDUOS

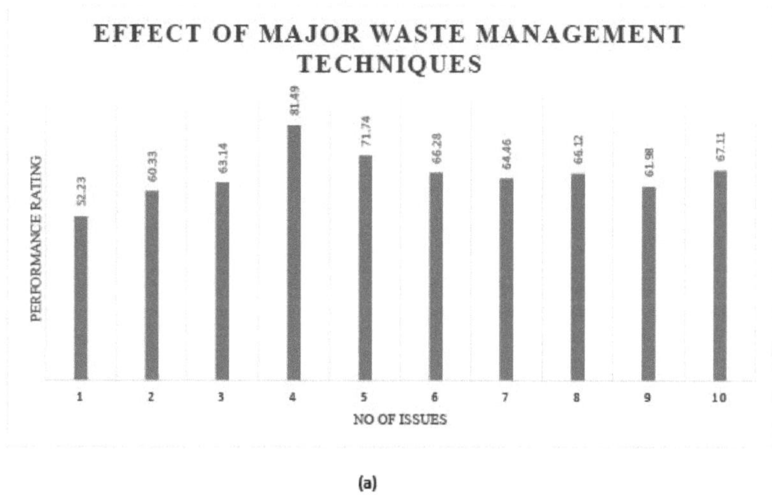

(a)

EFEITO DAS PRINCIPAIS TÉCNICAS DE GESTÃO DE RESÍDUOS

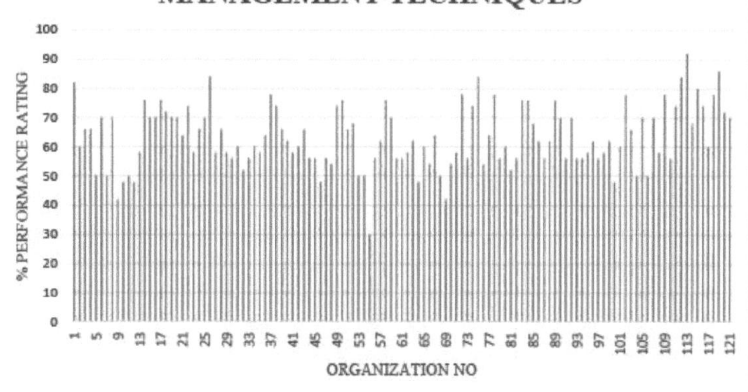

(b)

3.5.1 Nível da técnica de gestão de resíduos implementada

O nível de redução da sucata após a implementação da técnica de gestão de resíduos tem um valor PPS de 80%, o que mostra que o nível de redução da sucata está diretamente relacionado com o nível de implementação da técnica de gestão de resíduos na organização industrial. O nível de equilíbrio da mão de obra também está muito relacionado com o nível de implementação da técnica de gestão de resíduos, pois tem um valor de PPS de 76,69%. O nível de redução do inventário raramente está relacionado com o nível de implementação da técnica de gestão de resíduos, uma vez que o seu PPC é de apenas 67,11%. Os valores do PPC para os vários aspectos que indicam o nível de implementação da técnica de gestão de resíduos são apresentados na tabela 17.

Quadro 17: Nível de aplicação da técnica de gestão de resíduos

Nível de aplicação da técnica de gestão de resíduos								
S.N.	Pergunta/problema	Número de respostas (Ni) com cada opção de pontuação (Si)					Total de pontos marcados (TPS)Z (Ni*Si)	Pontos percentuais pontuados (PPS)
		1	2	3	4	5		
1	Nível de redução dos custos de exploração atingido.	0	30	22	46	23	425	70.25
2	O nível de sensibilização dos trabalhadores para a técnica de gestão de resíduos implementada na sua empresa	0	9	32	40	40	434	71.74
3	organização. Nível de redução de sucata após a implementação da técnica de gestão de resíduos.	0	11	24	40	46	484	80.00
4	Nível de aumento da rendibilidade	0	11	41	36	33	454	75.04
5	Nível de equilíbrio do fluxo de trabalho	0	12	33	39	37	464	76.69
6	Nível de melhoria do cumprimento das encomendas dos clientes ~~conformidade.~~	0	6	56	38	21	437	72.23
7	Nível de redução dos defeitos.	1	19	33	37	31	441	72.89
8	Nível de redução do tempo de paragem da máquina.	1	14	46	32	28	435	71.90
9	Nível de redução das existências.	5	29	35	22	30	406	67.11
10	Nível de aumento da capacidade de produção da sua organização.	6	17	39	39	20	413	68.26

Figura 14: (a) Nível de implementação da técnica de gestão de resíduos em função da questão (b) Nível de implementação da técnica de gestão de resíduos em função da organização

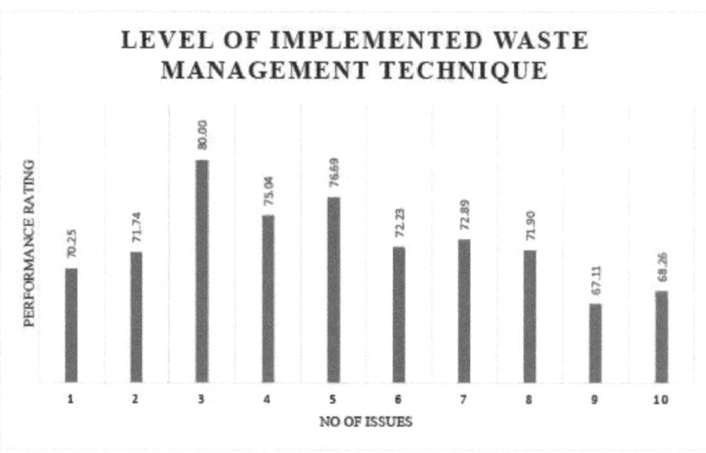
LEVEL OF IMPLEMENTED WASTE MANAGEMENT TECHNIQUE
PERFORMANCE RATING
70.25
71.74
80.00
75.04
76.69
72.23
72.89
71.90
67.11
68.26
1
2
3
4
5
6
7
8
9
10
NO OF ISSUES

(a)

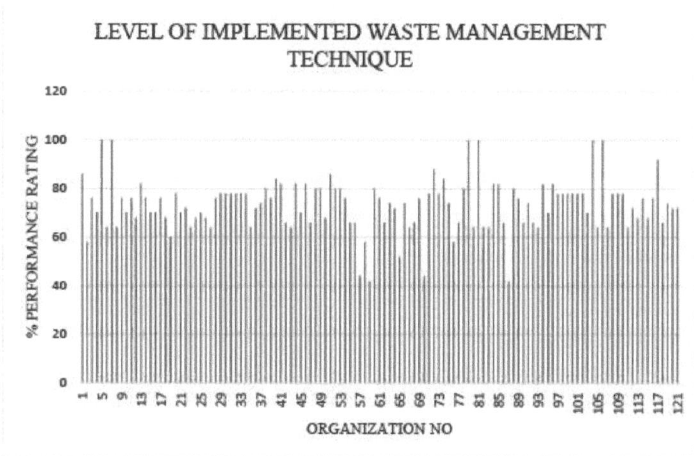
LEVEL OF IMPLEMENTED WASTE MANAGEMENT TECHNIQUE
% PERFORMANCE RATING
120
100
80
60
40
20
0
ORGANIZATION NO

(b)

3.5.2 Barreiras na implementação da técnica de gestão de resíduos

A Tabela 18 reflecte as barreiras à implementação da técnica de gestão de resíduos em qualquer organização industrial. A maior barreira encontrada na implementação da técnica de gestão de resíduos é a falta de informação/conhecimento sobre as novas tecnologias, uma vez que o valor do PPC é de 72,07%. Ao mesmo tempo, os programas de formação inadequados têm um valor de PPS de 71,90%. O aumento das despesas de manutenção é também uma das maiores barreiras à implementação da técnica de gestão de resíduos, uma vez que o valor do PPC é de 71,07%.

Tabela 18: Barreiras na implementação da técnica de gestão de resíduos

Pergunta/problema	Número de respostas (Ni) com cada opção de pontuação (Si)					Total de pontos marcados (TPS)S(Ni*Si)	Pontos percentuais pontuados (PPS)
	1	2	3	4	5		
Trabalhadores Resistência à mudança	1	32	45	32	11	383	63.31
Custo da educação e da formação	3	20	38	40	20	417	68.93
Deficiência de competências para as novas tecnologias	1	20	37	40	23	427	70.58
Programas de formação inadequados	1	26	26	36	32	435	71.90
Falta de infra-estruturas conexas	9	23	34	44	11	388	64.13
Falta de motivação	8	16	45	40	12	395	65.29
Falta de cooperação e de compreensão	11	12	49	30	19	397	65.62
Falta de profissionais formados	5	7	44	48	17	428	70.74
Falta de informação/conhecimento sobre os novos	5	13	41	28	34	436	72.07
Falta de esforço individual	9	32	20	39	21	394	65.12
A disparidade das remunerações dos trabalhadores	7	23	48	24	19	388	64.13
Perturbações durante a execução	11	21	37	36	16	388	64.13
Problemas de compatibilidade dos equipamentos	9	22	39	32	19	393	64.96
Rigidez organizacional da empresa	3	22	59	26	16	408	67.44
Falta de um ambiente de trabalho adequado	9	30	38	22	22	381	62.98
Falta de planeamento prévio	8	17	50	41	5	381	62.98
Aumento das despesas de manutenção	4	12	39	45	21	430	71.07
Medo de despedimentos	9	29	33	36	14	380	62.81
Deficiência de competências de gestão da produção	4	23	52	37	5	379	62.64
Dificuldades relacionadas com as regras governamentais	10	15	59	27	10	375	61.98
Falta de novos fornecedores/fornecedores	5	37	33	32	14	376	62.15
Falta de experiência relevante a cada nível	11	25	32	46	7	376	62.15
Falta de apoio técnico interno	6	32	32	37	14	384	63.47
Flexibilidade inadequada na regulamentação	13	25	39	32	12	368	60.83
Falta de informação sobre os mercados	9	18	49	31	14	386	63.80
Falta de fontes de financiamento adequadas	12	14	41	39	15	394	65.12
Falta de interação entre a indústria e os institutos	17	21	45	22	16	362	59.83

Problemas com a regulamentação governamental	17	24	38	24	18	365	60.33

Figura 15: (a) Questões relacionadas com as barreiras na implementação da técnica de gestão de resíduos (b) barreiras organizacionais na implementação de técnicas de gestão de resíduos

BARREIRAS NA IMPLEMENTAÇÃO DE TÉCNICAS DE GESTÃO DE RESÍDUOS

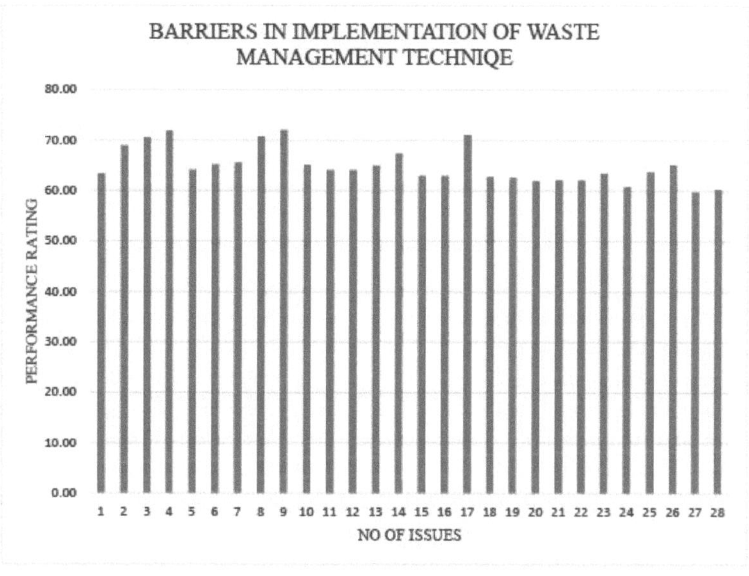

(a)

BARREIRAS NA IMPLEMENTAÇÃO DE TÉCNICAS DE GESTÃO DE RESÍDUOS

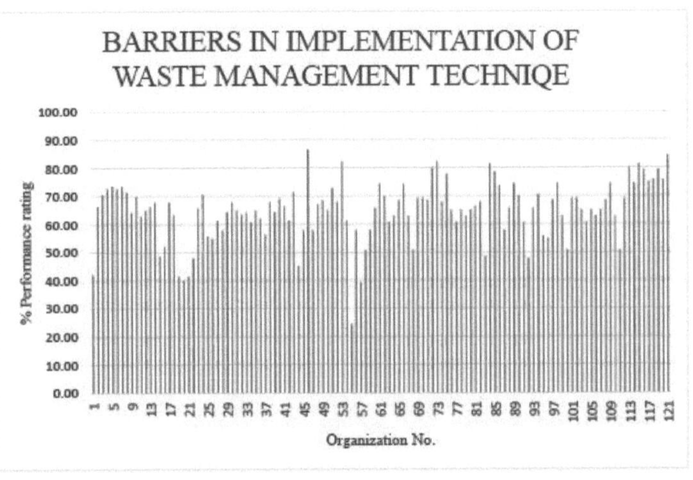

(b)

O presente estudo destaca a situação das várias técnicas de gestão de resíduos aplicadas nas PME indianas. Os desafios enfrentados pelo sector das PME da Índia para se manterem sustentáveis a nível mundial também foram focados no presente trabalho de investigação. A análise foi utilizada no presente estudo para aceder ao nível das técnicas de gestão de resíduos implementadas em várias PME na Índia. Para este efeito, foram identificados na investigação vários factores que afectam as técnicas de gestão de resíduos. A técnica de gestão de resíduos implementada na organização industrial tem também um impacto maior na reputação da organização. O presente estudo revela que a implementação adequada de uma técnica de gestão de resíduos aumenta os pontos fortes e as oportunidades de uma organização industrial. Ao mesmo tempo, o desempenho global melhora e os desafios como a restauração do equipamento diminuem. A técnica de gestão de resíduos está também a ter um efeito positivo na imagem competitiva. A Figura 16 indica graficamente os níveis das dez principais barreiras à implementação de técnicas de gestão de resíduos em organizações industriais.

Barreiras à implementação de técnicas de gestão de resíduos

Figura 16 Níveis de barreiras nas organizações industriais

3.6 Observações finais

O presente estudo destaca o estado de várias técnicas de gestão de resíduos aplicadas nas PME indianas. Os desafios enfrentados pelo sector das PME da Índia para se manterem sustentáveis a nível mundial também foram focados no presente trabalho de investigação. A análise foi utilizada no presente estudo para aceder ao nível das técnicas de gestão de resíduos implementadas em várias PME na Índia. Para o efeito, foram identificados no estudo vários factores que afectam as técnicas de gestão de resíduos. Este estudo centrou-se basicamente nos cinco factores básicos que afectam a aplicação bem sucedida das técnicas de gestão de resíduos com base no estudo da literatura. Estes factores são os pontos fortes, os pontos fracos, as oportunidades e as ameaças para as PME em toda a Índia, o impacto da técnica de gestão de resíduos se for implementada na organização industrial, o efeito da técnica de gestão de resíduos na reputação da organização, o nível de implementação da técnica de gestão de resíduos e vários obstáculos à implementação da técnica de gestão de resíduos. O presente estudo revela que a implementação adequada de uma técnica de gestão de resíduos aumenta os pontos fortes e as oportunidades e reduz os pontos fracos e as ameaças para uma organização industrial. Ao mesmo tempo, o desempenho global melhora e os desafios, como a restauração do equipamento, diminuem. A implementação da técnica de gestão de resíduos está também a ter um efeito positivo na imagem competitiva.

CAPÍTULO 4

AVALIAÇÃO DO LEAN SIX SIGMA

4.1 Sustentabilidade do Lean Six Sigma

O LSS pode ser considerado como uma metodologia e estratégia empresarial que desenvolve a satisfação do cliente, aumentando o desempenho do processo, melhorando a qualidade, a velocidade e os custos (Snee et al., 2011). A integração do Lean Manufacturing com a técnica Seis Sigma é uma técnica coerente que contribui para o desenvolvimento contínuo e apresenta uma versão concetual para a integração do Lean Manufacturing com o Seis Sigma para obter maiores vantagens fiscais (Pepper et al., 2010). O LSS é uma metodologia que depende de um esforço colaborativo para melhorar o desempenho através da remoção sistemática de desperdícios (Singh et al., 2017). A integração do Lean Manufacturing e do Six Sigma é necessária porque, em geral, o Lean Manufacturing visa criar valor através da eliminação de resíduos, enquanto o Six Sigma visa satisfazer as exigências de qualidade de acordo com as necessidades dos clientes. O LSS é uma abordagem híbrida muito utilizada nos Estados Unidos. As indústrias americanas de média e pequena dimensão que utilizam a abordagem LSS beneficiam muito com esta técnica em termos de redução do desperdício e de gestão da qualidade. O principal objetivo do LSS é orientado para o crescimento, o que inclui uma redução dos custos e melhorias na qualidade e na produtividade. As principais vantagens da utilização do LSS são o facto de aumentar as receitas da organização através da racionalização dos processos. Os factores importantes do LSS são mencionados na tabela 19, os primeiros cinco factores são retirados da abordagem Seis Sigma e os restantes cinco factores são retirados do Lean Manufacturing (Antony et al., 2014)

S. Não	Fator	S. Não	Fator
1	Definir	6	5s
2	Medida	7	Mapeamento do fluxo de valor
3	Analisar	8	Unidade de fluxo único
4	Melhorar	9	Manutenção Produtiva Total
5	Controlo	10	Atingir a perfeição

Quadro 19: Factores do LSS

4.2 Estimativa dos efeitos do LSS

Foi elaborado um questionário numa escala de Likert de cinco para avaliar a eficácia da implementação do LSS nas PME indianas. Uma secção específica do questionário baseia-se em vinte e oito perguntas críticas que incluem factores altamente determinantes da técnica de gestão de resíduos implementada nas PME indianas. Foi realizado um inquérito a várias PME industriais situadas em toda a Índia para avaliar o efeito dos factores individuais do LSS nas PME indianas atualmente. Várias PME foram posteriormente visitadas e avaliadas durante um período de um ano. As PME do sector transformador foram identificadas em toda a Índia e foram selecionados vários grupos de PME do sector transformador.

4.3 Metodologia adoptada para avaliar a eficácia do LSS

A análise dos dados compilados foi efectuada utilizando o teste de capacidade do processo (CPk) para vários factores que contribuem para o LSS no software MINITAB 17 e SPSS. Foram preparados relatórios de desempenho do processo para aceder aos valores CPk dos principais factores que contribuem para o LSS. Este estudo foi efectuado em duas fases. Na primeira fase do estudo, os vários factores que afectam o sucesso da técnica de gestão de resíduos implementada foram analisados e agrupados através da utilização da análise fatorial no software SPSS e da utilização da ferramenta AMOS no software SPSS, tendo sido preparado um fluxograma de agrupamento dos vários factores principais e, na segunda fase do estudo, a capacidade do processo é acedida através da realização do teste de capacidade do processo em dez factores críticos de sucesso que contribuem para a implementação bem sucedida do LSS nas PME indianas.

4.3.1 Primeira fase

Na primeira fase deste estudo, foram colocadas no questionário vinte e oito perguntas relacionadas com os factores que contribuem para o êxito da aplicação da técnica de gestão de resíduos nas PME indianas, numa escala de Likert de cinco. A fim de reduzir um número tão elevado de variáveis (vinte e oito perguntas colocadas no questionário), procedeu-se a uma análise fatorial. Esta abordagem extrai a variância máxima não invulgar de todas as variáveis e coloca-as numa classificação comum. É preparada uma matriz de componentes utilizando a análise de factores no software SPSS e é feito o agrupamento de todas as variâncias comuns em quatro grandes grupos. A tabela 20 representa a matriz de componentes da análise de factores.

Tabela 20: Matriz composta dos factores LSS

Matriz de componentes				
Variável	Grupo 1	Grupo 2	Grupo 3	Grupo 4
Q 3.5	0.861	-0.007	0.049	-0.178
Q 3.7	0.742	-0.089	0.171	-0.327
Q 3.19	0.722	0.065	-0.028	0.265
Q 3.20	0.667	-0.364	-0.101	0.318
Q 3.6	0.639	-0.025	-0.01	0.294
Q 3.2	0.635	0.148	-0.208	-0.188
Q 3.3	0.634	0.156	0.417	0.082
Q 3.21	0.611	-0.033	0.225	0.133
Q 3.4	0.578	-0.566	0.067	-0.366
Q 3.1	0.573	-0.054	-0.019	-0.224
Q 3.9	0.56	-0.288	-0.345	0.273
Q 3.14	0.455	0.255	-0.113	0.139
Q 3.15	0.45	-0.098	0.202	-0.212
Q 3.13	0.445	0.099	0.143	-0.306
Q 3.11	0.409	-0.048	-0.313	-0.371
Q 3.18	0.373	0.178	0.127	0.112
Q 3.28	0.041	0.815	-0.302	-0.03
Q 3.25	0.237	0.706	0.101	0.41
Q 3.26	0.079	0.595	-0.354	0.209
Q 3.10	0.275	0.555	-0.21	-0.337
Q 3.27	0.347	0.541	-0.465	0.177
Q 3.12	0.29	-0.528	-0.23	-0.321
Q 3.22	0.105	-0.523	0.302	0.378
Q 3.24	0.3	-0.061	0.612	0.168
Q 3.8	0.463	-0.369	-0.602	0.21
Q 3.16	-0.077	0.528	0.592	-0.179
Q 3.23	0.263	0.048	0.471	0.555
Q 3.17	0.238	0.435	0.361	-0.539

A primeira linha da tabela 20 representa as variáveis que estão divididas em quatro grupos. Na matriz composta, uma variável que tenha o valor máximo nesse grupo é categorizada nesse grupo, tal como se mostra na tabela 21, a primeira variável, ou seja, Q5, que tem o valor máximo no grupo 1, é categorizada no grupo 1 e, deste modo, todas as variáveis são agrupadas nos quatro grupos principais. Além disso, a categorização de todas as vinte e oito variáveis que têm semelhanças na sua natureza é efectuada em quatro grandes grupos que são mencionados na tabela 21.

Quadro 21: Agrupamento de variáveis

Normalização de processos	Implementação de estratégias de LSS	Análise das estratégias de LSS	Eliminação de Inútil Actividades
Q 3.1	Q 3.10	Q 3.24	Q 3.22
Q 3.2	Q 3.17	Q 3.16	Q 3.23
Q 3.3	Q 3.25		
Q 3.4	Q 3.26		
Q 3.5	Q 3.27		
Q 3.6	Q 3.28		
Q 3.7			
Q 3.8			
Q 3.9			
Q 3.11			
Q 3.12			
Q 3.13			
Q 3.14			
Q 3.15			
Q 3.18			
Q 3.19			
Q 3.20			
Q 3.21			

Como se pode ver no quadro 21, todas as variáveis são classificadas em quatro factores principais, ou seja, normalização dos processos, implementação de estratégias de A&S, análise das estratégias de A&S e eliminação de actividades inúteis. Na primeira categoria, ou seja, Normalização dos processos, foram classificadas um total de 18 variáveis. No segundo grupo de implementação das estratégias LSS, estão categorizadas seis variáveis; na terceira e quarta categorias de análise das estratégias LSS e eliminação de actividades inúteis, estão categorizadas duas variáveis em cada uma, respetivamente. Posteriormente, todas as variáveis são estruturadas utilizando a ferramenta AMOS do software SPSS.

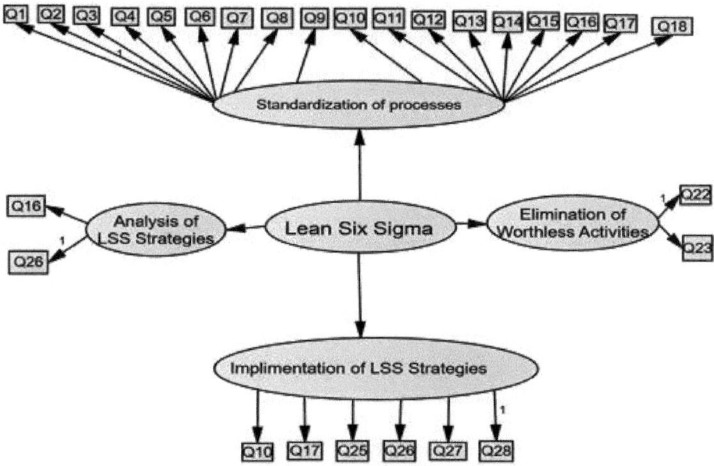

Figura 11: Principais factores de sucesso do Lean Six Sigma

4.3.2 Segunda fase

A segunda fase do estudo consiste no teste de capacidade do processo (CPk) dos vários factores críticos de sucesso responsáveis pela implementação bem sucedida do LSS. O teste de capacidade do processo determina os factores que têm um efeito significativo em todo o processo. O teste de capacidade do processo é utilizado para determinar o grau de adequação de um conjunto de processos a um conjunto de especificações que limitam a melhoria do processo global. A análise da capacidade é efectuada com base num conjunto de dados retirados do processo global, que pode normalmente produzir uma estimativa dos defeitos por milhão de oportunidades e fornece um ou mais índices de capacidade. Pode também ser efectuada uma estimativa do nível Sigma do processo.

4.3.2.1 Capacidade de processamento da fase DEFINE

Em primeiro lugar, foi determinada a capacidade do processo da fase Definir da implementação do LSS. Como mostra a figura 18, o valor CPk da primeira fase, ou seja, Definir, da implementação do LSS é de 0,53, o que significa que Definir está a afetar significativamente a implementação adequada do LSS. A maior parte das PME do sector transformador na Índia considera que a definição adequada do problema é uma das fases importantes da implementação do LSS. Se o problema for corretamente definido, só então poderão ser encontradas as soluções adequadas para os problemas.

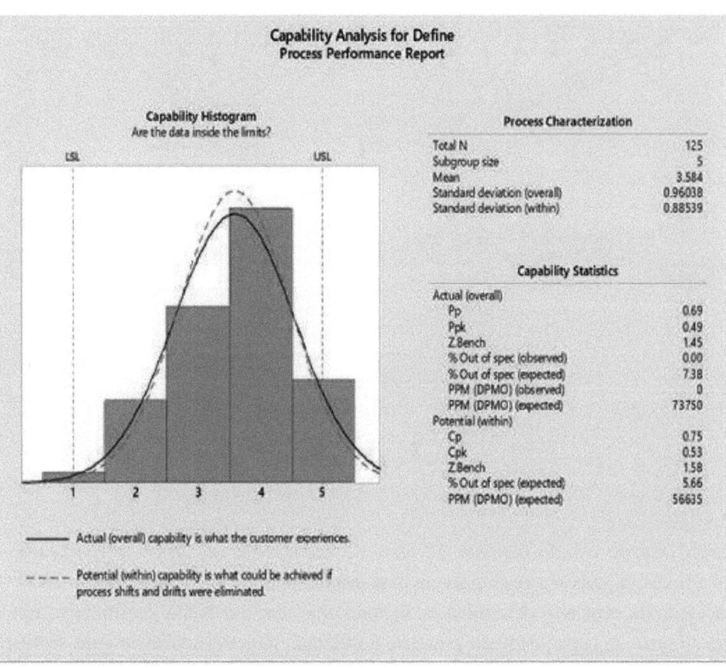

Figure 12: Capacidade de processo da fase DEFINE

4.3.2.2 Capacidade do processo da fase de medição

Durante a parte seguinte do estudo, a capacidade do processo da fase de medição é determinada, como se mostra na figura 19, o valor CPk é 0,56, uma vez que o valor de CPk é superior a 0,5, pelo que se pode determinar que as medidas adequadas do problema definido também afectam significativamente o êxito da implementação do LSS na indústria transformadora. A maior parte das PME do sector transformador na Índia considera que a tomada de medidas adequadas relativamente a um problema corretamente definido é uma das fases importantes da aplicação do LSS.

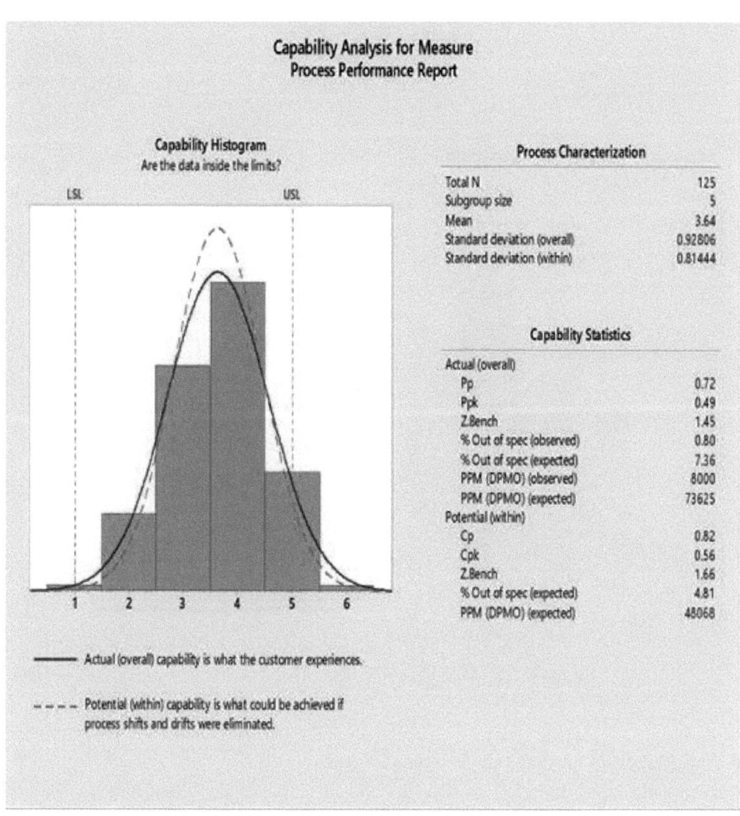

Figure 13: Fase de Capacidade de Medida do Processo

4.3.2.3 Capacidade de processo da fase de análise

No processo de estudo posterior, a capacidade da fase de análise é determinada, como mostra a figura

20, o valor de CPk é de 0,49, uma vez que o valor de CPk é inferior a 0,5, pelo que se pode determinar que a fase de análise não afecta significativamente o êxito da implementação de LSS na indústria transformadora, pelo que a análise é considerada não significativa.

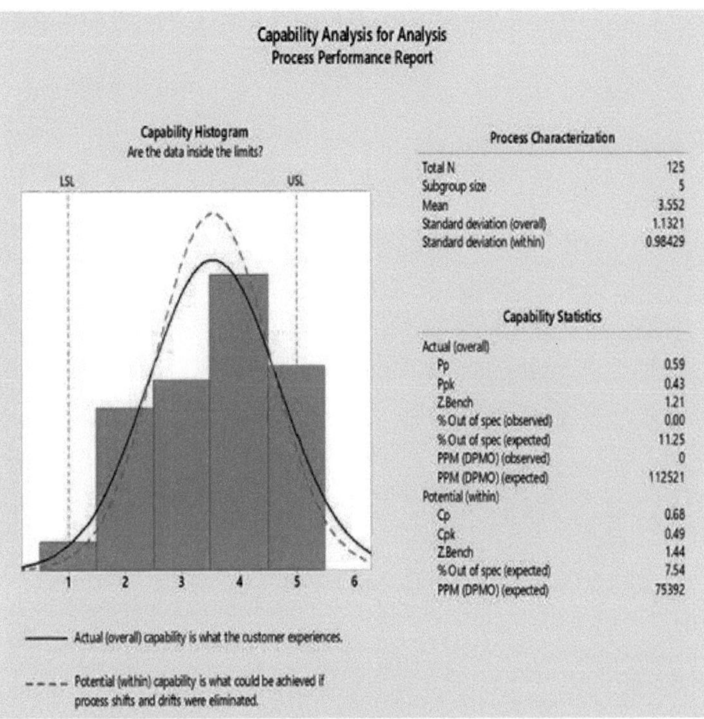

Figure 14: Capacidade de processo da fase de análise

4.3.2.4 Capacidade do processo da fase de melhorias

No estudo mais aprofundado, é determinada a capacidade do processo da fase de melhoramentos, como mostra a figura 21, o valor de CPk é 0,43, uma vez que o valor de CPk é inferior a 0,5, pelo que se pode determinar que a fase de melhoramentos não afecta muito significativamente a implementação bem sucedida do LSS na indústria transformadora.

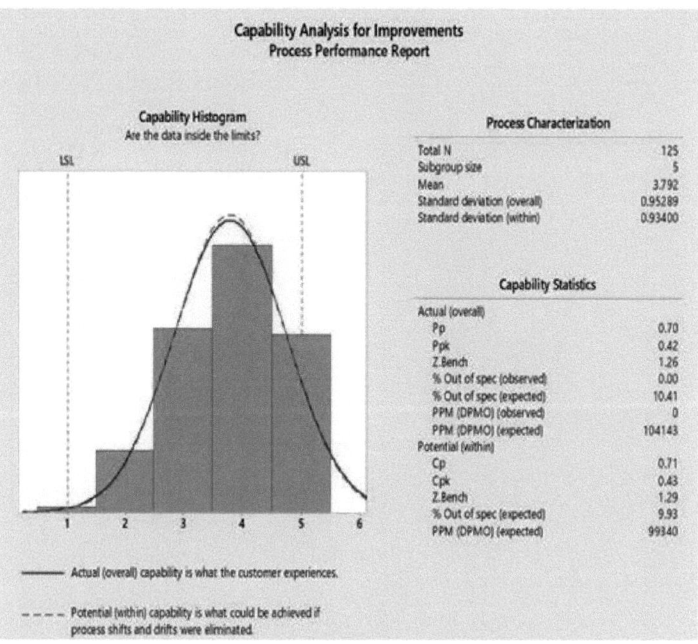

Figure 15: *Fase de Capacidade de Melhoria do Processo*

4.3.2.5 Capacidade do processo da fase de controlo

A capacidade da fase de controlo da implementação do LSS foi determinada através da determinação do valor CPk.

A Figura 22 mostra que o valor CPk da fase de controlo da implementação do LSS é de 0,58, o que significa que o controlo adequado de todo o processo afecta significativamente a implementação adequada do LSS. A maioria das PME do sector transformador na Índia considera que as melhorias contínuas em todo o processo são um dos aspectos mais importantes da implementação do LSS.

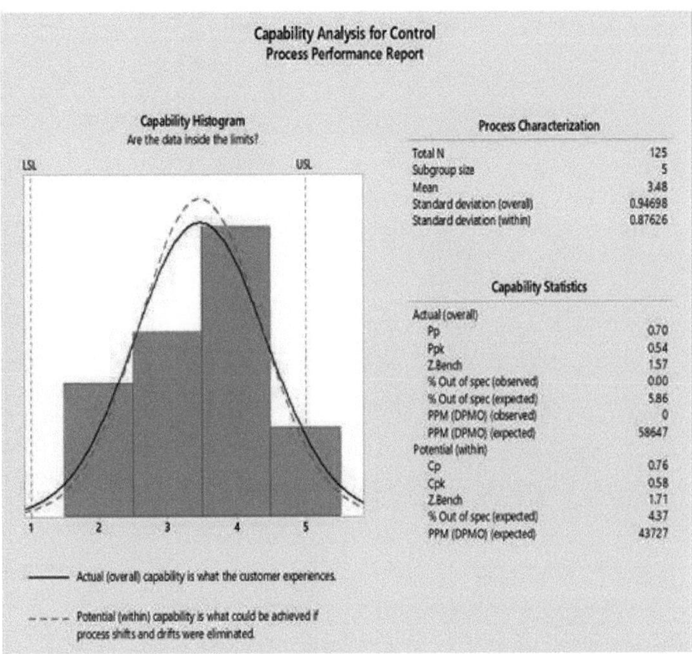

Figure 16: Capacidade de processamento da fase de Controlo

4.3.2.6 Capacidade de processo das técnicas 5s

Durante a parte seguinte do processo de estudo, foi determinada a capacidade de implementação das técnicas 5s do LSS. Como se pode ver na figura 23, o valor CPk das técnicas 5s de implementação do LSS é de 0,55, o que significa que a implementação adequada das técnicas 5s afecta significativamente a implementação adequada do LSS.

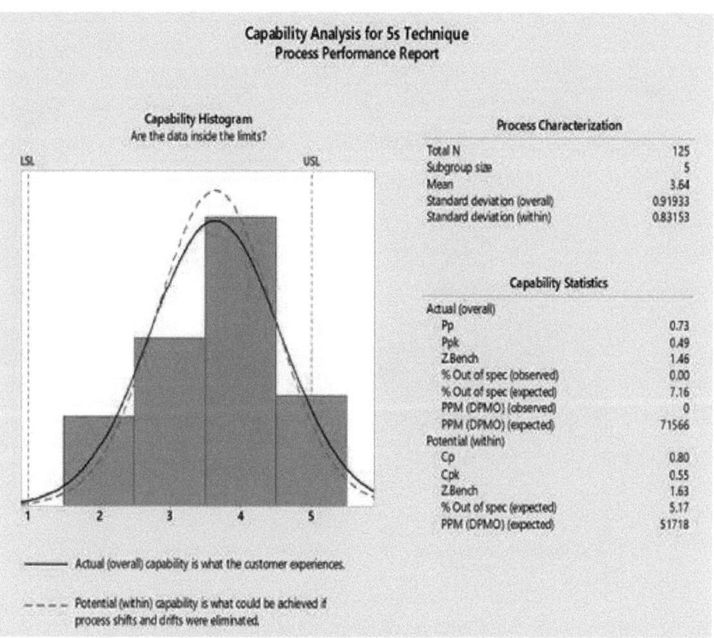

Figure 17: Capacidade de processo das técnicas 5s

4.3.2.7 Capacidade de processamento do fluxo de valor

Durante a parte seguinte do estudo, a capacidade do processo de Fluxo de Valor é determinada, como mostra a figura 24, o valor CPk é 0,56, uma vez que o valor de CPk é superior a 0,5, pelo que se pode determinar que o Fluxo de Valor adequado do processo também afecta significativamente a implementação bem sucedida do LSS na indústria transformadora. A maioria das PME do sector transformador na Índia considera que a adoção de um fluxo de valor adequado é uma das fases importantes da aplicação do LSS.

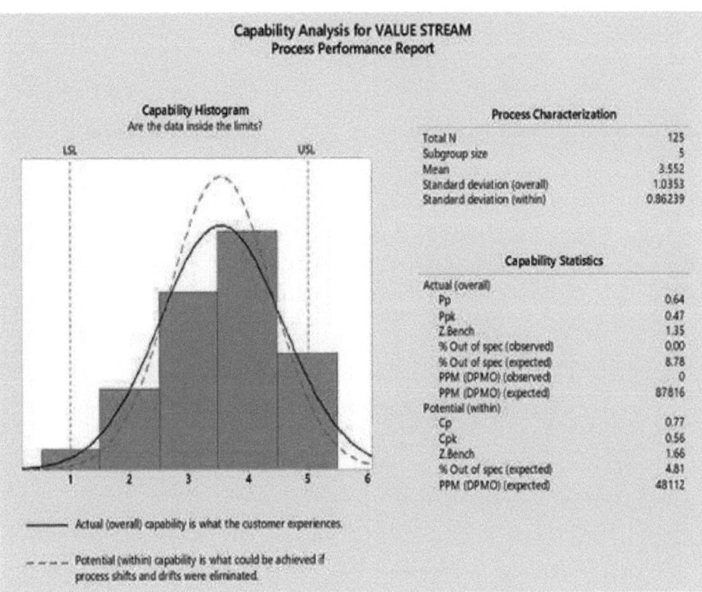

Figure 18: Capacidade de processo do fluxo de valor

4.3.2.8 Capacidade de processamento do fluxo de uma unidade

Durante a próxima parte do estudo, a capacidade do processo de Fluxo de Unidade Única é determinada, como mostrado na figura 25, o valor de CPk é 0,52, como o valor de CPk é mais do que 0,5, portanto, pode ser determinado que o Fluxo de Unidade Única do processo também está a afetar significativamente a implementação bem sucedida do LSS em PMEs de produção. A maioria das PME do sector transformador na Índia considera que o fluxo unitário adequado é um dos aspectos importantes da implementação do LSS.

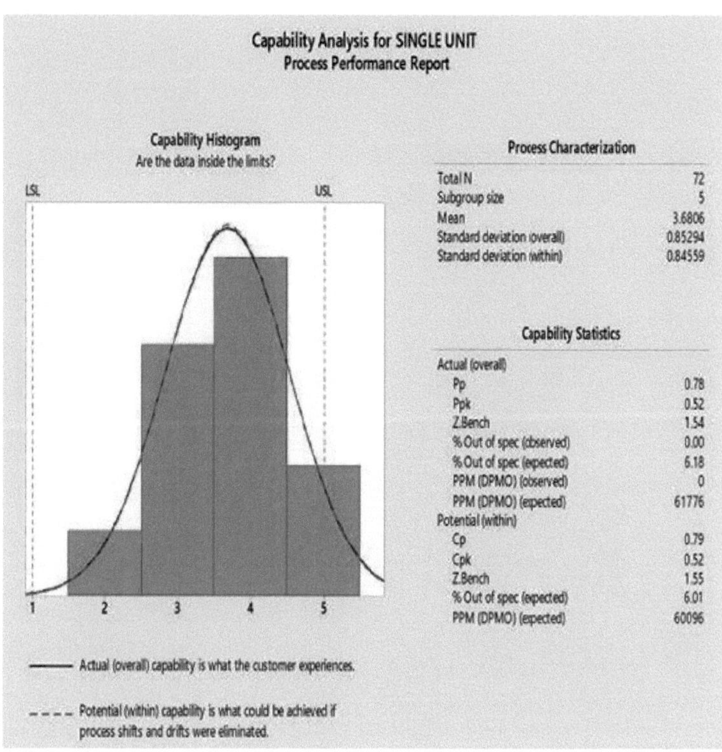

Figure 19: Capacidade de processamento do fluxo de uma unidade.

4.3.2.9 Capacidade de processo do TPM

No estudo mais aprofundado, é determinada a capacidade do processo de Manutenção da Produtividade Total, como mostra a figura 26, o valor CPk da TPM é 0,49, uma vez que o valor de CPk é inferior a 0,5, pelo que se pode determinar que a TPM não afecta significativamente a implementação bem sucedida do LSS na indústria transformadora.

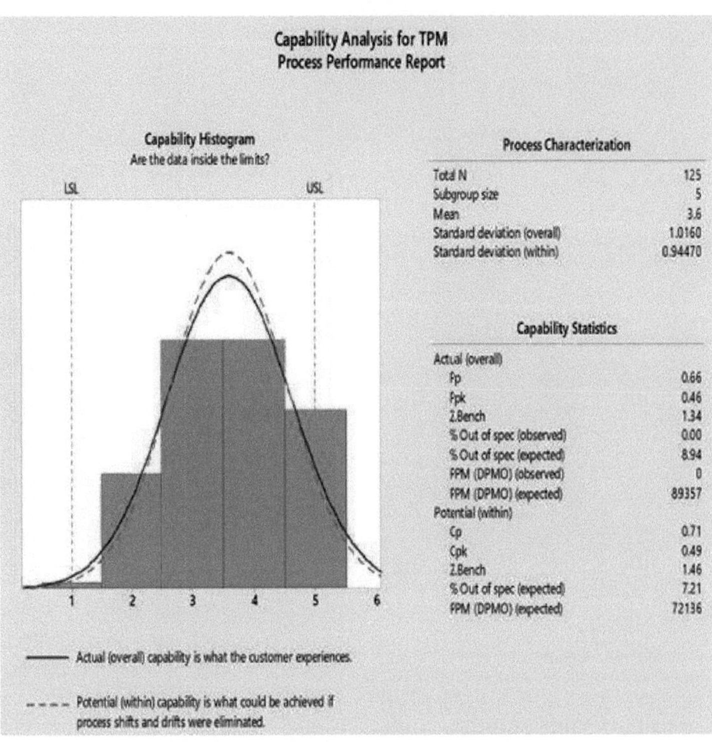

Figure 20: Capacidade de processo do TPM

4.3.2.10 Capacidade do processo para atingir a perfeição

No estudo mais aprofundado, é determinada a capacidade do processo de atingir a perfeição, como mostra a figura 27, o valor CPk de atingir a perfeição é de 0,48, uma vez que o valor de CPk é inferior a 0,5, pelo que se pode determinar que atingir a perfeição não afecta significativamente a implementação bem sucedida do LSS na indústria transformadora.

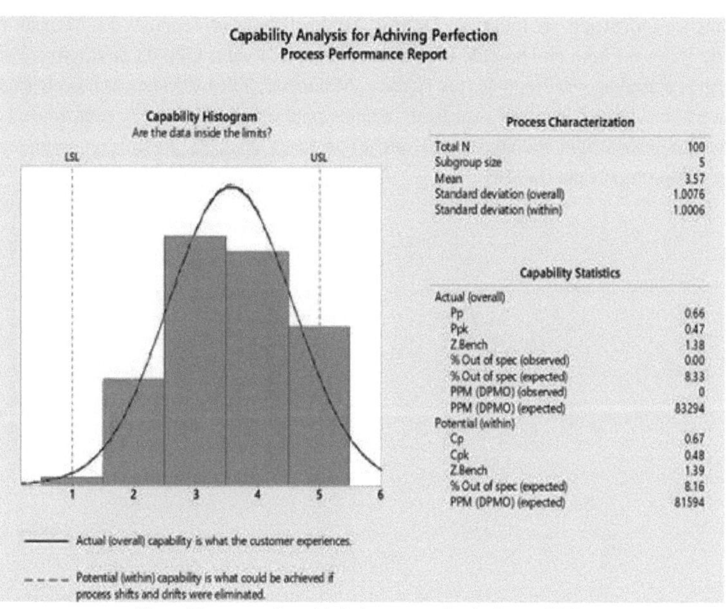

Figure 21: Capacidade do processo de atingir a perfeição

4.4 Observações finais

Durante a primeira fase do estudo, após a análise com análise de factores, concluiu-se que os vinte e oito factores enumerados na secção 3 do questionário (Anexo 1) podem ser reduzidos a quatro parâmetros principais, nos quais são agrupados parâmetros semelhantes: Normalização dos processos, análise das estratégias LSS, implementação das estratégias LSS e eliminação das actividades inúteis. Durante a segunda fase deste estudo, a capacidade de processamento das várias fases do Lean Six Sigma foi verificada através do CPk. As fases com um valor de CPk inferior a 0,5 podem ser negligenciadas, uma vez que não contribuem significativamente para o êxito da aplicação das estratégias LSS. O quadro 22, que mostra a capacidade de processamento das várias fases do LSS, é apresentado a seguir

Tabela 22: Valor CPk das diferentes fases do LSS

Fases do LSS	Valor CPk	Significativo/ Não significativo
Definir	0.053	Significativo
Medida	0.056	Significativo
Análise	0.049	Não significativo
Melhorias	0.043	Não significativo
Controlo	0.058	Significativo
5 s técnica	0.055	Significativo
Mapeamento do fluxo de valor	0.056	Significativo
Caudal de uma unidade	0.052	Significativo
TPM	0.049	Não significativo
Alcançar a perfeição	0.048	Não significativo

A partir dos valores CPk, como mencionado na tabela acima, foi esclarecido que as principais fases que afectam significativamente a implementação bem sucedida de estratégias LSS em organizações industriais na Índia são Definir, Medir, Controlar, técnicas 5s, Mapeamento do Fluxo de Valor e Fluxo de Unidade Única, uma vez que o valor CPk da fase acima é superior a 0,5. Após a análise, verificou-se que Análise, Melhorias, TPM e Alcançar a perfeição são as fases que não estão a contribuir significativamente para o êxito da implementação do LSS nas organizações industriais indianas, pelo que estas fases do LSS podem ser negligenciadas durante a implementação do LSS.

CAPÍTULO 5

ANÁLISE E INTERPRETAÇÃO DOS DADOS

5.1 Organização e análise dos dados

A análise dos dados foi efectuada através da aplicação sistemática de técnicas estatísticas e lógicas para avaliar os dados. De acordo com Shamoo et al. (2003), vários procedimentos analíticos "proporcionam uma forma de extrair inferências indutivas dos dados e distinguir o sinal (o fenómeno de interesse) do ruído (flutuações estatísticas) presente nos dados". Neste capítulo, a fiabilidade dos dados foi examinada através do cálculo do Alfa de Cronbach. O Teste de Validade Discriminada do Afterword e a matriz de Correlação de Pearson foram preparados utilizando o software SPSS. Utilizando a análise de regressão múltipla, foi verificada a importância dos vários factores críticos de sucesso. Ao analisar os dados através da técnica de correlação canónica, foi determinada a relação entre os vários factores da técnica de gestão de resíduos e as causas dos resíduos. A correlação canónica é uma técnica estática utilizada para desenvolver uma relação entre variáveis observadas e variáveis dependentes ou independentes num conjunto de verificações canónicas.

5.2 Testes de fiabilidade e validade dos dados

A fiabilidade e a validade dos dados disponíveis para a realização de testes constituem um desafio para os investigadores (Nunnally, 1978). O valor alfa de Cronbach de vários constructos dos dados disponíveis foi calculado para determinar a fiabilidade e a consistência dos dados recolhidos. O alfa de Cronbach (a) é uma técnica baseada na formulação de uma equação fundamental para determinar a fiabilidade dos dados à luz da consistência interna. Além disso, o alfa de Cronbach (a) para os diferentes factores que contribuem para a implementação do LSS foi avaliado para determinar a qualidade inabalável das informações e a produção de informações recolhidas através do questionário. O valor do Alfa de Cronbach de todos os principais constructos é superior a 0,6, o que indica a importância de todos os constructos. (Narasimhan et al., 2004; Nunnally, 1978; Oberoi et al., 2008).

Quadro 23: Valor da medida de fiabilidade e variabilidade para todos os construtos

S.n.	Construir	bbreviação	Alfa de Cronbach	SD	Desvio
1	Definir	DE	0.923	0.551	0.846
2	Medida	ME	0.833	0.583	0.856
3	Análise	AN	0.928	0.722	0.256
4	Melhorias	IM	0.940	0.464	0.884
5	Controlo	CO	0.955	0.539	0.128
6	5s	5s	0.822	0.548	0.452
7	Mapeamento do fluxo de valor	VSM	0.709	0.701	0.892
8	Fluxo de uma unidade	SUF	0.917	0.585	0.265
9	TPM	TPM	0.718	0.572	0.458
10	Atingir a perfeição	AP	0.814	0.660	0.889
11	Redução do custo operacional	ROC	0.740	1.021	0.783
12	Nível de consciencialização	AL	0.708	1.030	0.953
13	Redução de sucata	SR	0.903	0.957	0.751
14	Aumento do lucro	IP	0.937	0.918	0.635
15	Equilíbrio do fluxo de trabalho	WB	0.918	0.980	0.996
16	Conformidade das encomendas dos clientes	COC	0.932	0.707	0.256
17	Redução de defeitos	RD	0.836	1.041	0.856

18	Redução das avarias de máquinas	RMB	0.819	1.044	0.883
19	Redução do inventário	RI	0.939	1.121	0.213
20	Aumento da produção	PII	0.716	1.121	0.732

5.3 Resultados e análise

A partir da visão geral da literatura revista e da investigação sobre a indústria transformadora indiana de pequena e média escala (PME), verificou-se que algumas das PME tinham feito intervenções notáveis para obter os melhores resultados da implementação do sistema LSS como técnica de gestão de resíduos, enquanto as restantes organizações desconheciam atualmente os benefícios da implementação desta técnica nos seus sistemas.

O presente estudo visa intervenções sérias e esforços feitos na implementação do LSS de forma mais adequada. A organização para a realização da investigação é selecionada com base na pequena e média empresa, tal como classificada pelo relatório das organizações MPME para o ano de 2017. As organizações visadas envidaram esforços significativos no domínio da redução dos custos operacionais, do aumento do nível de sensibilização, da redução dos resíduos, do aumento dos lucros, da manutenção do equilíbrio do fluxo de trabalho, do cumprimento das encomendas dos clientes, da redução dos defeitos, da redução do inventário e do aumento da produção. Estas organizações industriais têm uma contribuição notável no domínio dos seus produtos individuais. A fim de estabelecer uma relação entre os factores que contribuem para a aplicação do LSS e as várias causas principais de resíduos, foram utilizadas técnicas de análise de regressão múltipla, matriz de correlação de Pearson e correlação canónica. A correlação determina a lista de factores que afectam significativamente o êxito da aplicação do LSS. A Tabela 24 representa a matriz da matriz de correlação de Pearson após o teste discriminatório dos dados disponíveis. Os pares que foram encontrados com mais de 40 por cento foram considerados estatisticamente significativos a 1. (Antony et al., 2014)

Quadro 24: Teste de validade discriminada e matriz de correlação de Pearson

	DE	ME	AN	IM	CO	5s	VSM	SUF	TPM	AP	ROC	AL	SR	IP	WB	COC	RD	RMB	RI	PII
DE	1	0.206	0.107	0.347	0.153	0.092	.716*	0.493	0.577	0.422	0.379	0.108	0.5	0.032	0.316	0.073	0.035	0.408	0.039	0.083
ME	0.206	1	0.143	0.273	0.249	.676*	0.028	0.127	0.01	0.013	0.022	0.189	0.06	0.022	0.093	0.141	0.124	0.066	0.168	.723*
AN	.706*	0.143	1	0.372	0.011	0.351	0.153	0.036	0.125	0.086	0.064	0.012	0.191	.799*	0.039	0.323	0.024	0.258	.786*	0.302
IM	0.347	0.273	0.372	1	.690*	0.336	0.137	0.021	0.157	0.125	0.005	0.012	0.098	0.205	0.225	0.046	0.073	0.027	0.023	0.023
CO	0.153	0.249	0.011	.653*	1	0.283	0.131	0.122	0.108	0.019	0.2	0.177	0.242	0.324	0.319	0.263	0.253	0.216	0.199	0.119
5s	0.092	.616*	0.351	0.336	0.283	1	0.07	0.153	0.021	0.275	0.128	0.378	0.334	0.027	0.099	0.151	0.132	0.09	0.084	.610*
VSM	.716-	0.028	0.153	0.137	0.131	0.07	1	0.552	.87*	0.382	0.439	0.29	0.383	0.105	0.028	0.081	0.215	0.289	0.166	0.121
SUF	.693*	0.127	0.036	0.021	0.122	0.153	.752*	1	0.324	.571*	0.80*	0.245	0.233	0.027	0.329	0.013	0.237	0.225	0.04	0.294
TPM	0.477	0.01	0.125	0.157	0.108	0.021	0.587	0.324	1	0.387	0.157	0.042	0.274	.697*	0.149	0.082	0.252	0.223	0.26	0.364
	0.522	0.013	0.086	0.125	0.019	0.275	0.382	0.571	0.387	1	0.124	0.495	0.271	0.213	0.338	0.326	0.158	0.122	0.112	.884*
AP																				
ROC	0.379	0.022	0.064	0.005	0.2	0.128	.739*	0.08	0.157	0.124	1	0.326	0.358	0.295	0.04	0.023	0.024	0.003	0.076	0.07
AL	0.108	0.189	0.012	0.012	0.177	0.378	0.29	0.245	0.042	.695*	0.326	1	0.54	0.504	0.362	0.149	0.016	0.135	0.308	0.053
SR	.632*	0.06	0.191	0.098	0.242	0.334	0.383	0.233	0.274	0.271	0.358	0.44	1	0.171	0.404	0.123	0.084	0.2	0.163	0.109
IP	0.032	0.022	0.099	0.205	0.324	0.027	0.105	0.027	.697*	0.213	0.295	0.404	0.171	1	0.169	0.154	0.07	0.118	0.335	0.151
WB	0.316	0.093	0.039	0.225	0.319	0.099	0.028	0.329	0.149	0.338	0.04	0.362	.604*	0.169	1	0.024	0.106	0.037	0.42	0.111
COC	0.073	0.141	0.323	0.046	0.263	0.151	0.081	0.013	0.824*	0.326	0.023	0.149	0.123	0.154	0.024	1	0.34	0.327	0.116	.715*
RD	0.035	0.124	0.024	0.073	0.253	0.132	0.215	0.237	0.252	0.158	0.024	0.016	0.084	.697*	0.106	0.34	1	0.261	0.114	0.386
RMB	.648*	0.066	0.258	0.027	0.216	0.09	0.289	0.225	0.223	0.122	0.003	0.135	0.2	0.118	0.037	0.327	0.261	1	0.066	0.397
RI	0.039	0.168	0.079	0.023	0.199	0.084	0.166	0.04	0.26	0.112	0.076	0.308	0.163	0.335	0.42	0.116	0.114	0.066	1	0.237
PII	0.083	.723*	0.302	0.023	0.119	.710*	0.121	0.294	0.364	0.184	0.07	0.053	0.109	0.151	0.111	0.15	0.386	0.497	0.237	1

Inicialmente, foram calculados os valores da correlação de Pearson para identificar os factores significativos que contribuem para o êxito da aplicação do LSS. Verificou-se que os coeficientes de correlação (r) são elevados e significativos ao nível de significância de p % 0,01 na maioria dos casos. Isto indica que a maioria dos factores do LSS está diretamente relacionada com a gestão de resíduos em organizações industriais. Os valores da correlação (r) através de um método exploratório utilizando o SPSS 25.0 são apresentados na Tabela 24.

Os valores de correlação indicam uma forte correlação entre a definição e o mapeamento do fluxo de valor (.716 *), a medida está a ter uma correlação com 5s (0.676 *) e o aumento da produção (0.723*). Análise com definir (0,706*) e aumento do lucro (0,799*). Melhorias com controlo (0,690*). Controlo com melhorias (0,653*).5s com medida (,616*) e aumento do lucro (0,610*). O mapeamento do fluxo de valor apresenta uma forte correlação com a definição (0,716*) e a manutenção produtiva total (0,87*). Unidade de fluxo único com mapeamento do fluxo de valor (0,752*) e redução do custo operacional (0,80*). Manutenção produtiva total com aumento da produção (0,697*). Redução do custo com o mapeamento do fluxo de valor (0,739*). Atingir a perfeição com um aumento da produção (0,884*). Nível de consciencialização com a obtenção da perfeição (0,695*). Redução da sucata com a definição (0,693*). O aumento do lucro mostra uma forte relação entre o TPM (0,679*). Cumprimento dos pedidos dos clientes com TPM (0,824*). Redução dos defeitos com define (0,648*). Aumento do lucro com measure (0,723*) e 5s (0,710*).

Os resultados da análise de regressão passo a passo são mencionados na Tabela 25, juntamente com os valores correspondentes de R/R², valor P e valor F. Os resultados para os diferentes factores do LSS demonstram que o valor de tolerância para todos os factores significativos é superior a 0,415, indicando que não existe qualquer problema de multicolinearidade (sobreposição entre variáveis dependentes). Da mesma forma, o valor de R-sq é 0,7549 e R-sq (adj) é 0,8656, o que permite concluir que 86% do sucesso da redução de resíduos depende dos vários factores do LSS. O valor de P de todos os factores que contribuem para o LSS é inferior a 0,05, o que reflecte que todos os factores contribuem significativamente para a redução de resíduos em várias PME na Índia.

Tabela 25: Resultado da análise de regressão múltipla

Factores LSS	Valor P	Valor F	Tolerância/VIF
DEFINIR	0.032	0.02	0.415/2.37
MEDIDA	0.001	0.88	0.512/4.22
ANÁLISE	0.041	0.63	0.419/1.47
MELHORIAS	0.02	0.1	0.714/2.49
CONTROLO	0.012	0.42	0.532/1.67
5s	0.035	0.67	0.611/2.25
MAPEAMENTO DO FLUXO DE VALOR	0.047	0.4	0.596/2.27
CAUDAL UNITÁRIO	0.023	0.74	0.463/2.15
TPM	0.006	1.94	0.885/1.72
ALCANÇAR A PERFEIÇÃO	0.038	0.06	0.510/2.08
Resumo do modelo			
S	R-quadrado	R-sq(adj)	
1.08362	0.7549	0.8656	

A Tabela 25 mostra os resultados do teste de regressão múltipla e os valores correspondentes de R/R 2, valores p e valores F. O valor p de definição (0,032) e análise (0,016) é inferior a 0,05 a um nível de confiança de 95%, o que reflecte que estes dois factores do LSS contribuem significativamente para a redução do custo operacional, ao mesmo tempo que o valor ajustado de R2 neste caso é de 0,523, mostrando que 52,3% da redução do custo depende das fases de definição e análise do LSS. Além disso, outra das principais causas de desperdício nas organizações industriais é o nível inferior de

Por conseguinte, verificou-se que o valor P da medida (0,001) e da definição (0,023) afectam significativamente o nível de sensibilização na indústria. Estes resultados também reflectem que 58,9% do nível de sensibilização depende da medida e da definição. Outra causa de desperdício é o refugo, pelo que, a partir do teste de regressão múltipla, concluiu-se que o valor P da análise (0,031) e do controlo (0,006) é inferior a 0,05, o que indica que a análise e o controlo têm um efeito significativo na redução do refugo e que 62,1% do refugo pode ser reduzido através da implementação adequada do fator de análise e controlo do LSS.

Tabela 26: Resultado da análise de regressão múltipla

Causas	Factores LSS	Valor Beta	Valor t	valor de p	R/R^2 Valor	R ajustado ^{2}	Valor F	Tolerância
Redução do custo operacional	DEFINIR	0.441	4.501	0.032	0.892/0.705	0.523	62.353	0.496/2.017
	ANÁLISE	0.221	5.32	0.016				0.659/1.518
Consciencialização Nível	MEDIDA	0.281	3.128	0.001	0.731/0.534	0.589	52.232	0.663/1.509
	DEFINIR	0.189	3.256	0.023				0.409/2.445
Redução de sucata	ANÁLISE	0.17	2.195	0.031	0.788/0.621	0.621	37.22	0.663/1.509
	CONTROLO	0.236	6.23	0.006				0.556/1.798
Aumento de Lucro	MELHORIAS	0.656	7.107	0.0072	0.732/0.536	0.554	57.196	0.561/1.782
	ALCANÇAR A PERFEIÇÃO	0.562	8.23	0.018				0.741/1.350
Fluxo de trabalho Equilíbrio	CONTROLO	0.389	3.858	0.012	0.817/0.668	0.502	52.372	0.391/2.632
	MAPEAMENTO DO FLUXO DE VALOR	0.238	2.22	0.043				0.470/2.126
Encomenda do cliente Conformidade	MELHORIAS	2 0.189	2. 248	0.035	0 952/0 223	0.623	58.232	0.559/1.235
	MAPEAMENTO DO FLUXO DE VALOR	0.452	5.23	0.022				0.488/2.047
Redução de Defeitos	ANÁLISE	0.274	2.721	0.047	0.512/562	0.573	51.22	0.452/0.125
	CONTROLO	0.623	3.23	0.001				0.432/2.965
Redução das avarias de máquinas	ANÁLISE	0.328	3.703	0.023	0.873/0.452	0.493	61.33	0.623/2.232
	5s	0.232	7.23	0.016				0.352/2.845
Redução de Inventário	MAPEAMENTO DO FLUXO DE VALOR	0.326	8.23	0.043	0.229/0.782	0.592	52.89	0.434/2.304
	UNIDADE DE FLUXO ÚNICO	0.291	3.213	0.031				0.523/1.238
Aumento de Produção	ALCANÇAR A PERFEIÇÃO	0.576	6.865	0.023	0.443/632	0.613	62.38	0.782/2.295
	MAPEAMENTO DO FLUXO DE VALOR	0.326	3.226	0.033				0.445/1.986

O valor P das melhorias (0,0072) e a obtenção da perfeição (0,018) têm um efeito direto e significativo no aumento do lucro da organização e o valor ajustado de R^2 indica que 55,4% do aumento do lucro depende das melhorias efectuadas e da obtenção da perfeição. Do mesmo modo, o equilíbrio do fluxo de trabalho depende significativamente do controlo (0,012) e do mapeamento do fluxo de valor (0,043). As melhorias (0,035) e o mapeamento do fluxo de valor (0,022) são factores significativos no que diz respeito ao cumprimento das encomendas dos clientes. Outra causa importante de desperdício são os defeitos, pelo que todas as organizações industriais trabalham para os reduzir. Os principais factores que contribuem significativamente para a redução dos defeitos são a análise (0,047) e o controlo (0,001) e, a partir do valor de R^2, verificou-se que 57,3% da redução dos resíduos depende da fase de análise e controlo do LSS. A redução das avarias das máquinas pode ser obtida através da análise (0,023) e dos 5s (0,016). O valor P do mapeamento do fluxo de valor é de 0,043 e o da unidade de fluxo único é de 0,031, o que significa que estes são os factores significativos que contribuem para a redução do inventário. Os factores significativos encontrados para o aumento da taxa de produção são a obtenção da perfeição (0,023) e o mapeamento do fluxo de valor (0,033), uma vez que o valor de P é inferior a 0,05 a um nível de confiança de 95% do teste de regressão múltipla e, ao mesmo tempo, o valor de R2 é 0,613, o que conclui que o aumento de 61,3% da produção depende da obtenção da perfeição e do mapeamento do fluxo de valor.

Os dados foram examinados adicionalmente utilizando o método da análise de correlação canónica. Conforme ilustrado nos quadros 27 e 28, os resultados da análise canónica indicam relações significativas e fortes na função canónica (r= 0,901 à probabilidade estatística F de 0,00) entre várias causas de resíduos e factores importantes da técnica de gestão de resíduos implementada, ou seja, o LSS. Os índices de redundância são calculados como 0,613 para as várias causas de resíduos e 0,608 para os factores importantes do LSS, respetivamente.

Tabela 27: Resultado da análise de correlação canónica

Análise de correlação canónica entre os principais factores do LSS e as causas do desperdício nas PME											
	Resultados com todas as variáveis	**DE**	**ME**	**AN**	**IM**	**CO**	**5s**	**VSM**	**SUF**	**TPM**	**AP**
Correlação canónica	0.901	0.895	0.888	0.899	0.885	0.888	0.897	0.842	0.842	0.895	0.847
Raiz canónica	0.808	0.801	0.789	0.808	0.783	0.789	0.805	0.82	0.855	0.795	0.852
F probabilidade estatística	0.00	0.00	0.00	0.00	0.00	0.00	0.00	0.00	0.00	0.00	0.00

Tabela 28: Resultado da análise de correlação canónica

Variáveis dependentes												
	Cargas canónicas	Canónico Cargas cruzadas	1	2	3	4	5	6	7	8	9	10
ROC	-0.759	-0.721	-0.704	-0.153	-0.239	-0.307	-0.181	-0.06	-0.109	-0.074	-0.009	-0.008
AL	-0.895	-0.856	-0.837	-0.174	-0.11	-0.599	-0.317	-0.077	-0.027	-0.07	-0.058	-0.001
SR	-0.852	-0.796	-0.774	-0.428	-0.204	-0.258	-0.19	-0.194	-0.07	-0.069	-0.068	-0.014
IP	-0.931	-0.885	-0.692	-0.33	-0.223	-0.13	-0.024	-0.224	-0.237	-0.139	-0.031	-0.011
WB	-0.752	-0.722	-0.752	-0.075	-0.344	-0.354	-0.023	-0.33	-0.065	-0.012	-0.009	-0.025
COC	-0.832	-0.816	-0.807	-0.316	-0.361	-0.271	-0.219	-0.16	-0.188	-0.156	-0.032	-0.003
RD	-0.713	-0.693	-0.721	-0.164	-0.151	0	-0.095	-0.21	-0.022	-0.272	-0.006	-0.002
RMB	-0.921	-0.883	-0.922	-0.311	-0.284	-0.026	-0.081	-0.232	-0.021	-0.079	-0.071	-0.025
RI	-0.895	-0.872	-0.831	-0.287	-0.146	-0.106	-0.061	-0.2	-0.008	-0.04	-0.137	-0.024
PII	-0.796	-0.752	-0.859	-0.421	-0.308	-0.283	-0.114	-0.109	-0.185	-0.156	0	-0.013
Variância partilhada	0.712		0.708	0.716	0.702	0.72	0.719	0.705	0.723	0.716	0.711	0.721
Índice de redundância	0.613		0.742	0.552	0.513	0.524	0.512	0.532	0.536	0.523	0.522	0.568
Variáveis independentes												
DE	-0.912	-0.885	---	-0.178	-0.104	-0.189	-0.104	-0.375	-0.034	-0.028	-0.056	-0.006
ME	-0.815	-0.792	-0.705	---	-0.244	-0.383	-0.07	-0.356	-0.155	-0.004	-0.024	-0.02
AN	-0.763	-0.716	-0.513	-0.353	---	-0.008	-0.034	-0.157	-0.011	-0.105	-0.127	-0.02
IM	-0.843	-0.823	-0.853	-0.14	-0.053	---	-0.019	-0.265	-0.299	-0.033	-0.116	-0.015
CO	-0.892	-0.872	-0.568	-0.131	-0.245	-0.047	---	-0.352	-0.204	-0.001	-0.019	-0.006
5s	-0.861	-0.849	-0.863	-0.42	-0.203	-0.447	-0.071	---	-0.105	-0.035	-0.02	-0.002
VSM	-0.778	-0.762	-0.689	-0.393	-0.293	-0.164	-0.169	-0.143	---	-0.17	-0.008	-0.013
SUF	-0.923	-0.901	-0.626	-0.116	-0.196	-0.378	-0.002	-0.19	-0.107	---	-0.035	-0.011
TPM	-0.859	-0.832	-0.76	-0.671	-0.139	-0.034	-0.259	-0.205	-0.108	-0.062	---	-0.006
AP	-0.882	-0.863	-0.61	-0.236	-0.137	-0.597	-0.096	-0.245	-0.199	-0.029	-0.033	---
Variância partilhada	0.705		0.699	0.712	0.719	0.725	0.716	0.714	0.702	0.719	0.712	0.72
Índice de redundância	0.608		0.553	0.521	0.522	0.546	0.528	0.565	0.502	0.587	0.543	0.539

O índice de redundância reflecte a variância de uma variante canónica explicada pelas suas variantes numa função canónica. A carga para as variantes canónicas varia entre 0,763 e 0,923 para os factores de LSS e várias causas de desperdício, a gama de cargas canónicas encontra-se entre 0,713 e 0,913. A fim de avaliar a validade das cargas canónicas, procedeu-se a uma análise de estabilidade, eliminando uma variável de cada vez e realizando novamente a análise de correlação canónica. As cargas canónicas medem a correlação entre as várias causas de desperdício e os vários factores do LSS implementado.

5.4 Avaliação das barreiras

Existem vários obstáculos à implementação de técnicas de gestão de resíduos que foram detectados durante o estudo da literatura. Estes obstáculos devem ser identificados e comunicados antecipadamente aos gestores da fábrica, para que possam ser planeadas estratégias adequadas para os ultrapassar. A classificação e a hierarquização de todos estes obstáculos são também de grande importância, pelo que, nesta parte do estudo, os principais obstáculos à aplicação das técnicas de gestão de resíduos serão classificados e hierarquizados de acordo com o seu papel como obstáculo durante a aplicação das técnicas de gestão de resíduos. O processo de hierarquia analítica (AHP) é utilizado para a classificação e ordenação de todos estes obstáculos. O AHP é uma técnica de avaliação de cargas de critérios. O AHP tem sido geralmente utilizado numa série de questões complexas de liderança básica, identificadas com a organização chave de activos hierárquicos (Saaty, 1990), a avaliação de escolhas chave (Tavana e Banerjee, 1995), ou a defesa de uma nova inovação de fabrico (Albayrakoglu, 1996). O Quadro 2 apresenta os resultados da análise. A importância das barreiras à implementação da técnica de gestão de resíduos é apresentada na tabela. A identificação dos atributos significativos para o AHP requer uma análise exaustiva do problema. Para o presente exame, a determinação dos atributos foi identificada a partir da literatura pesquisada e de discussões com os peritos académicos e industriais que trabalham nesta área. As dez principais barreiras identificadas com base na pontuação média são apresentadas no quadro 29.

Tabela 29: Barreiras à implementação de técnicas de gestão de resíduos

Barreira	**Abreviatura**	**Pontuação média**
Programas de formação inadequados	PTI	3.6
Falta de informação sobre técnicas de gestão de resíduos	LOIWSM	3.6
Problemas de compatibilidade das ferramentas e técnicas	PWTT	3.55
Falta de profissionais formados	LTP	3.54
Deficiência de competências para a técnica de gestão de resíduos	SDWSM	3.53
Perturbações durante a execução	DDI	3.45
Falta de cooperação e de compreensão	LOCU	3.28
Resistência dos trabalhadores à mudança	WRC	3.26
Falta de esforço individual	MENTIRA	3.26
Falta de experiência relevante a cada nível	LREEL	3.26

Tabela 30: Matriz de comparação par a par

Atributos ou critérios	**PTI**	**LOIWSM**	**PWTT**	**LTP**	**SDWSM**	**DDI**	**LOCU**	**WRC**	**MENTIRA**	**LREEL**
PTI	1	5	4	7	5	3	5	7	9	5
LOIWSM	0.20	1	0.5	4	3	9	5	7	5	7
PWTT	0.25	2	1	1	7	3	6	9	3	5
LTP	0.14	0.25	1	1	3	5	8	3	5	3
SDWSM	0.2	0.33	0.14	0.33	1	5	7	3	7	9
DDI	0.33	0.11	0.33	0.2	0.2	1	7	9	7	5
LOCU	0.2	0.2	0.16	0.12	0.14	0.14	1	3	5	7
WRC	0.14	0.14	0.11	0.33	0.33	0.11	0.33	1	3	3
MENTIRA	0.11	0.2	0.33	0.2	0.14	0.14	0.2	0.33	1	5
LREEL	0.2	0.14	0.2	0.33	0.11	0.2	0.14	0.33	0.2	1
Total	2.77	9.37	7.77	14.51	19.92	26.59	39.67	42.66	45.2	50

A Tabela 30 é uma matriz de decisão simples constituída por dez critérios, a saber: programas de formação inadequados, falta de informação sobre técnicas de gestão de resíduos, problemas de compatibilidade de ferramentas e técnicas, falta de profissionais formados, falta de competências para a técnica de gestão de resíduos, perturbações durante a implementação, falta de cooperação e compreensão, resistência dos trabalhadores à mudança, falta de esforço individual e falta de experiência relevante a cada nível. Cada critério tem cinco alternativas e cada alternativa tem o seu valor de critério associado. O valor na matriz de pares dependerá do decisor ou da pessoa que responde ao questionário que é distribuído na organização fabril. A soma de cada valor calculado é apresentada na parte inferior de cada coluna da tabela. A tabela 30 apresenta uma matriz simples de pares, que dá a importância relativa de vários atributos relativos às barreiras associadas à implementação da técnica de gestão de resíduos nas organizações industriais.

A matriz de comparação entre pares é criada com a ajuda de uma escala de importância relativa. A comparação de pares baseia-se na ideia de que uma questão complexa pode ser eficazmente examinada se for hierarquicamente decomposta nas suas partes. Os elementos são comparados uns com os outros, proporcionando assim uma oportunidade para uma comparação entre pares para evoluir a estrutura para uma matriz de avaliação recíproca n*n. Na matriz, começa-se com um elemento à esquerda e compara-se a sua importância com a de um elemento no topo. Quando comparado consigo próprio, o rácio é um. Quando comparado com outro elemento, se for mais importante do que esse elemento, é utilizado um valor inteiro, como discutido abaixo. Se, no entanto, for menos importante, então é utilizado o recíproco do valor inteiro anterior. Em qualquer dos casos, o valor recíproco é introduzido na posição de transposição da matriz. Assim, apenas são considerados n (n-1)/2 juízos, em que n é o número total. Nesta comparação, é calculada a importância do i-ésimo sub-objetivo em relação ao j-ésimo sub-objetivo.

O comprimento da matriz de pares é igualmente equivalente ao número de critérios utilizados no processo de tomada de decisão . Aqui, como se mostra na tabela 30, temos uma matriz de dez por dez, uma vez que temos dez critérios, ou seja, programas de formação inadequados, falta de informação sobre técnicas de gestão de resíduos, problemas de compatibilidade de ferramentas e técnicas, falta de profissionais formados, falta de competências para a técnica de gestão de resíduos, perturbações durante a implementação, falta de cooperação e compreensão, resistência dos trabalhadores à mudança, falta de esforço individual e falta de experiência relevante a cada nível. Após a obtenção de uma matriz de comparação de pares, o passo seguinte consiste em obter o valor da matriz normalizada. A matriz normalizada pode ser obtida dividindo cada entrada na coluna pela soma das entradas numa coluna da matriz de comparação de pares. Além disso, obtém-se o peso aproximado da prioridade para cada atributo, como mostra a Tabela 31. A matriz paritária normalizada é calculada dividindo todos os elementos da coluna pela soma da coluna. Tal como se mostra na tabela 31, o primeiro valor da coluna "ninguém" é dividido pela soma dessa coluna, ou seja, 2,77 (tabela 30), e obtém-se 0,36. Desta forma, pode ser preparada a matriz normalizada de pares. Os pesos dos critérios foram calculados calculando a média de todos os elementos da linha e dividindo-a pelo número de elementos da mesma.

Tabela 31: Matriz normalizada com os pesos das prioridades

Atributos ou critérios	PTI	LOIW SM	PWTT	LTP	SDWS M	DDI	LOCU	WRC	MENTIRA	LREEL	Critérios de ponderação
PTI	0.36	0.53	0.51	0.48	0.25	0.11	0.12	0.16	0.19	0.1	0.281
LOIWS M	0.07	0.106	0.064	0.27	0.15	0.33	0.12	0.16	0.11	0.14	0.1522
PWTT	0.09	0.21	0.12	0.068	0.35	0.11	0.15	0.21	0.06	0.1	0.1468
LTP	0.05	0.026	0.12	0.068	0.153	0.188	0.2	0.07	0.11	0.06	0.1045

SDWS M	0.072	0.035	0.018	0.022	0.05	0.188	0.17	0.07	0.15	0.18	0.0955
DDI	0.11	0.011	0.042	0.137	0.01	0.037	0.17	0.21	0.15	0.1	0.0977
LOCU	0.072	0.021	0.02	0.008	0.14	0.005	0.025	0.07	0.11	0.14	0.0611
WRC	0.05	0.014	0.11	0.022	0.007	0.004	0.008	0.23	0.06	0.06	0.0565
MENTIRA	0.039	0.021	0.014	0.013	0.007	0.005	0.005	0.007	0.02	0.1	0.0231
LREEL	0.072	0.014	0.025	0.022	0.005	0.007	0.003	0.007	0.004	0.02	0.0179

A tabela n.º 32 representa os valores normalizados do índice de consistência aleatório e a tabela 33 representa os valores calculados do índice de consistência, do índice de consistência aleatório e do rácio de consistência. Os valores calculados do índice de coerência e do índice de coerência aleatório são 0,487 e 1,49, respetivamente, e o valor do rácio de coerência é 0,032, que é inferior a 0,1, pelo que é aceitável (Kumar et al. 2015).

Tamanho da matriz	1	2	3	4	5	6	7	8	9	10
Consistência aleatória	0	0	0.58	0.9	1.12	1.24	1.32	1.42	1.45	1.49

Tabela 32: Índice de consistência aleatória (RI)

Valor próprio máximo λmax	Índice de consistência	Índice de consistência aleatório	Rácio de consistência
Valores	0.487	1.49	0.032

Quadro 33: Resultados do teste de consistência

As ponderações de prioridade para várias técnicas de gestão de resíduos foram apresentadas na tabela 34. As ponderações de prioridade são utilizadas para medir a preferência da alternativa (barreiras à técnica de gestão de resíduos) relativamente a um atributo. Assim, se a presença de um atributo (barreira) for forte na organização, é mais provável que reduza a eficácia da técnica de gestão de resíduos implementada na organização industrial, em comparação com o outro atributo (barreira) que está presente mas é fraco. Para obter os pesos das prioridades, a avaliação do peso de cada alternativa é multiplicada na matriz de classificação da avaliação por um vetor de peso do atributo e somada a todo o atributo. O passo seguinte consiste em calcular a consistência, ou seja, verificar se o valor calculado está correto ou não. Para o efeito, considera-se a mesma matriz de comparação de pares (Quadro 2), que não está normalizada. Cada valor da coluna é multiplicado pelos valores dos critérios, ou seja, 1 foi multiplicado por 0,281 e o valor obtido é 0,281 para o ITP. O mesmo procedimento é adotado para preparar a matriz da tabela 7. A síntese dos resultados da *avaliação das possíveis barreiras à implementação da técnica de gestão de resíduos, relativamente a cada um dos dez atributos, é apresentada na tabela 34.*

Quadro 34 AHP dos pesos

	PTI	**LOI WSM**	**PWTT**	**LTP**	**SDWSM**	**DDI**	**LOCU**	**WRC**	**MENTIRA**	**LREEL**	**Valores de soma ponderada (WSV)**	**Ponderações dos critérios (CW)**	**Ponderações de prioridade**
PTI	0.2 8 1	0.76 1	0.5 8 72	0.73 1 5	0.47 7 5	0.29 3 1	0.3 0 55	0.39 5 5	0.20 79	0.08 9 5	4.1297	0.281	4.40
LOI WSM	0.0 6	0.15 22	0.0 7 34	0.41 8	0.28 6 5	0.87 9 3	0.3 0 55	0.39 5 5	0.11 55	0.12 5 3	2.8074	0.1522	18.45
PWTT	0.0 7 025	0.30 44	0.1 4 68	0.10 4 5	0.66 8 5	0.29 3 1	0.3 6 66	0.50 8 5	0.06 93	0.08 9 5	2.62145	0.1468	7.60

LTP	0.0 3 934	0.03 805	0.1 4 68	0.10 4 5	0.28 6 5	0.48 8 5	0.4 8 88	0.16 9 5	0.11 55	0.05 3 7	1.93119	0.1045	8.48
SDW SM	0.0 5 62	0.05 022 6	0.0 2 055 2	0.03 4 485	0.09 5 5	0.48 8 5	0.4 2 77	0.16 9 5	0.16 17	0.16 1 1	1.66546 3	0.0955	7.44
DDI	0.0 9 273	0.01 674 2	0.0 4 844 4	0.02 0 9	0.01 9 1	0.09 7 7	0.4 2 77	0.50 8 5	0.16 17	0.08 9 5	1.48301 6	0.0977	15.18
LOC U	0.0 5 62	0.03 044	0.0 2 348 8	0.01 2 54	0.01 3 37	0.01 3 678	0.0 6 11	0.16 9 5	0.11 55	0.12 5 3	0.62111 6	0.0611	10.17
WRC	0.0 3 934	0.02 130 8	0.0 1 614 8	0.03 4 485	0.03 1 515	0.01 0 747	0.0 2 016 3	0.05 6 5	0.06 93	0.05 3 7	0.35320 6	0.0565	6.20
MENTIR A	0.0 3 091	0.03 044	0.0 4 844 4	0.02 0 9	0.01 3 37	0.01 3 678	0.0 1 222	0.01 8 645	0.02 31	0.08 9 5	0.30120 7	0.0231	10.04
LRE EL	0.0 5 62	0.02 130 8	0.0 2 936	0.03 4 485	0.01 0 505	0.01 9 54	0.0 0 855 4	0.01 8 645	0.00 462	0.01 7 9	0.22111 7	0.0179	12.05

Os valores da soma ponderada são calculados tomando a soma de cada valor na linha. Assim, ao adicionar todos os elementos da linha, obtém-se o valor da soma ponderada. Em seguida, o rácio entre o valor da soma ponderada e o peso dos critérios é calculado para obter o peso da prioridade. Posteriormente, o índice de consistência é calculado como 0,487, como mostra a tabela 32. Posteriormente, calcula-se o rácio de consistência, que é de 0,032, ou seja, inferior a 0,1, o que é um padrão (Banawi et al., 2014). Por conseguinte, isto mostra que a nossa matriz tem uma consistência razoável, pelo que

pode continuar com o processo de tomada de decisão utilizando o AHP. A Tabela 35 representa os pesos das barreiras individuais que podem ser considerados pelo gestor do piso ao considerar as barreiras à implementação da técnica de gestão de resíduos em .

Quadro 35. Peso percentual das barreiras

Barreira	Percentagem
Programas de formação inadequados	4.40
Falta de informação sobre técnicas de gestão de resíduos	18.45
Problemas de compatibilidade das ferramentas e técnicas	7.60
Falta de profissionais formados	8.48
Deficiência de competências para a técnica de gestão de resíduos	7.44
Perturbações durante a execução	15.18

Falta de cooperação e de compreensão	10.17
Resistência dos trabalhadores à mudança	6.20
Falta de esforço individual	10.04
Falta de experiência relevante a cada nível	12.05

5.5 Observações finais

Este capítulo apresenta provas de uma relação entre vários factores do Lean Six Sigma e as várias questões principais que contribuem para a implementação bem sucedida do LSS como técnica de gestão de resíduos em organizações industriais de PME na Índia. Este quadro de investigação estuda as várias questões principais que contribuem para a implementação bem sucedida do LSS como técnica de gestão de resíduos em organizações industriais de PME na Índia. Propõe-se igualmente que os vários factores do LSS tenham um efeito positivo no êxito desta técnica, também individualmente e em grande medida. A principal contribuição do presente trabalho é a identificação dos vários factores-chave que contribuem para as várias questões importantes que afectam a implementação bem sucedida do LSS nas PMEs indianas. Finalmente, verificou-se que as organizações industriais podem lutar e sobreviver não só devido à sua capacidade de se aventurar e utilizar os seus activos actuais, mas também precisam de utilizar a sua capacidade de renovar e desenvolver as suas capacidades organizacionais (Teece et al., 1997). Confia-se que este tema é importante devido à sua novidade, uma vez que não tem sido referido com tanta frequência quanto possível na literatura, e, além disso, devido à sua pertinência. Os resultados deste trabalho podem igualmente melhorar a atual gestão das organizações industriais, capacitando-as para sobreviver e reagir de forma superior em condições turbulentas. Esta investigação distinguiu dez medidas-chave do Lean Six Sigma que as organizações possuem, cada uma das quais contribui para a obtenção de resultados de alta qualidade. Recomenda-se que estes elementos críticos do LSS permitam aos profissionais obter resultados e uma gestão de maior qualidade para as suas organizações. Finalmente, tanto para académicos como para especialistas, este documento apresenta os resultados potenciais para o desenvolvimento de factores e modelos mais eficazes para o LSS, que serão fundamentais para a realização geral no que diz respeito a resultados de qualidade e melhor gestão para o número crescente de PMEs que procuram melhorar a sua adaptabilidade vital. Os resultados revelam que Definir, Medir, Analisar, Melhorar, Controlar, 5s, Mapeamento do Fluxo de Valor, Fluxo de Unidade Única, TPM e Atingir a Perfeição ajudam as organizações de produção a reagir de forma viável e eficaz ao ambiente empresarial excêntrico e hipercompetitivo. O impacto da fase de Medição revelou-se altamente significativo na obtenção da mais elevada qualidade e de uma melhor gestão nas PME de toda a Índia. Os resultados reflectem que, para responder às flutuações económicas do mercado, a técnica de gestão de resíduos implementada na organização industrial deve ser capaz de fazer uma boa aliança com a inovação, a melhor qualidade dos produtos e a gestão da organização . Pode concluir-se que vários factores do LSS têm uma correlação elevada com as causas dos resíduos nas organizações industriais. Por conseguinte, a implementação adequada do LSS nas PME indianas do sector transformador pode resultar numa redução significativa dos resíduos. Utilizando a abordagem AHP, são conhecidas e analisadas as barreiras vitais que se opõem à implementação correta da técnica de gestão de resíduos nas organizações de produção. Do estudo atual, sabe-se que a existência de programas de formação inadequados é a principal barreira à implementação adequada da técnica de gestão de resíduos em qualquer organização de produção. Para além disso, a falta de conhecimento das técnicas de gestão de resíduos é também uma preocupação significativa na implementação da técnica de gestão de resíduos. As organizações industriais estão a enfrentar problemas de compatibilidade das ferramentas e técnicas de gestão de resíduos variadas. A falta de profissionais com formação é também um motivo de preocupação. Os resultados obtidos são bastante importantes e revelam que cada uma das barreiras selecionadas tem um papel vital na implementação da técnica de gestão de resíduos. Por conseguinte, estas barreiras devem ser ultrapassadas de modo a obter uma boa implementação da técnica de gestão de resíduos numa organização industrial.

CAPÍTULO 6

DESENVOLVIMENTO DO MODELO LEAN SIX SIGMA E ESTUDO DE CASO

6.1 Desenvolvimento do modelo concetual Lean Six Sigma

A maioria dos sistemas de fabrico dos últimos tempos baseia-se no modelo Input and Output. O sistema recebe o input sob a forma de matéria-prima, processos, sinais, etc. e transforma-o no produto final. A qualidade e o custo do produto final dependem dos factores que afectam o sistema durante todo o processo. O objetivo final de todo este processo é criar um produto altamente fiável e com uma boa relação custo-eficácia, a fim de obter rentabilidade e manter a competitividade através de um rápido crescimento das vendas. Foi analisada a literatura baseada nos modelos Lean Manufacturing, Six Sigma e Lean Six Sigma implementados em várias indústrias transformadoras. Linderman, et al. (2010) propuseram um modelo DMAIC aplicável no Brasil e na Argentina para os sectores industrial e de serviços. Pocha et al. (2013) Implementaram um modelo LSS em indústrias de saúde localizadas nos EUA. Cheng et al., (2015) realizaram um estudo de caso utilizando o Modelo LSS para Projetos em organizações sem fins lucrativos. Antony et al. (2017) trabalharam no campo da proposição ds um Modelo integrado para aplicação do LSS na indústria aérea. Timans et al. (2018) Projetos de LSS em pequenas e médias empresas de manufatura na Holanda para uso e utilidade de ferramentas LSS. Shah et al. (2008), na sua investigação, propôs que a utilização de modelos Lean melhora a qualidade e a produtividade do produto. Os níveis de desempenho são aumentados quando os modelos Lean são implementados nas organizações. Aurelio et al. (2014) propuseram um modelo Lean para aumentar a produtividade numa indústria de componentes automóveis. Letens et al. (2016) propuseram um modelo Lean multinível para o sistema de desenvolvimento e conceção de produtos. Nordin et al. (2018) propuseram um modelo Lean para a gestão da cadeia organizacional em projectos de fabrico Lean. Como ilustrado na fig. 28, existem quatro aspetos críticos relacionados com a gestão de resíduos na organização de fabrico. Foi recolhida informação exaustiva sobre estes aspectos a partir da literatura anterior e do inquérito. A gestão dos resíduos em qualquer organização de produção gira em torno do controlo destes quatro parâmetros críticos de qualquer organização, ou seja, homens, métodos, máquinas e materiais.

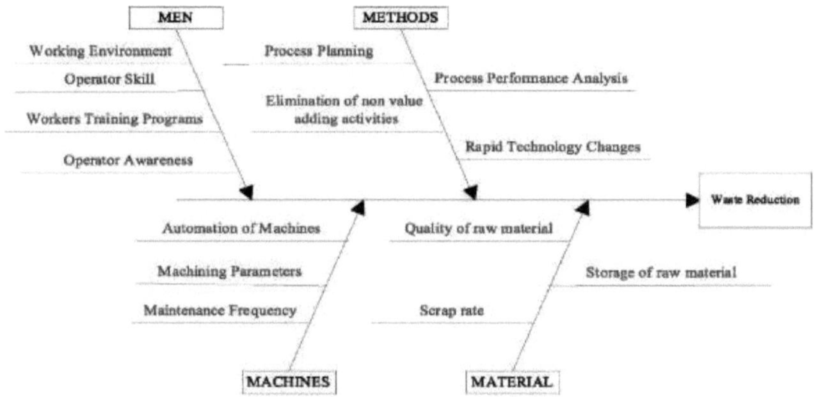

Figure 22: Fish Bone diagram for process improvement

A figura 29 ilustra as fases Definir, Medir, Analisar, Melhorar e Controlar da estratégia Seis Sigma, reforçadas com as ferramentas utilizadas na abordagem Lean Manufacturing. Esta estratégia conduz à construção de um novo modelo LSS com o objetivo de obter uma abordagem eficaz para a gestão dos resíduos. No modelo proposto, durante a fase de definição, o problema é identificado e definido, seguindo-se a análise da causa raiz do problema e, posteriormente, o planeamento do processo e o mapeamento do fluxo de valor (VSM) do processo. Durante a fase de medição do modelo, o nível do problema é determinado, seguido da identificação dos processos-chave, das suas variáveis e dos constrangimentos. Na fase de análise do modelo proposto, é efectuado o mapeamento dos processos relevantes, estimando as suas capacidades. Posteriormente, é efectuada a análise do desempenho dos processos, seguida da implementação do 5s. A fase de melhoria do modelo proposto consiste na priorização dos processos, na realização de testes para medir as melhorias, na implementação final do modelo proposto e na implementação da unidade de fluxo único (SFU). A última fase do modelo proposto é o controlo. Durante a fase de controlo, são efectuados controlos de qualidade regulares seguidos de verificações periódicas com o objetivo de alcançar a perfeição.

Identificação do problema

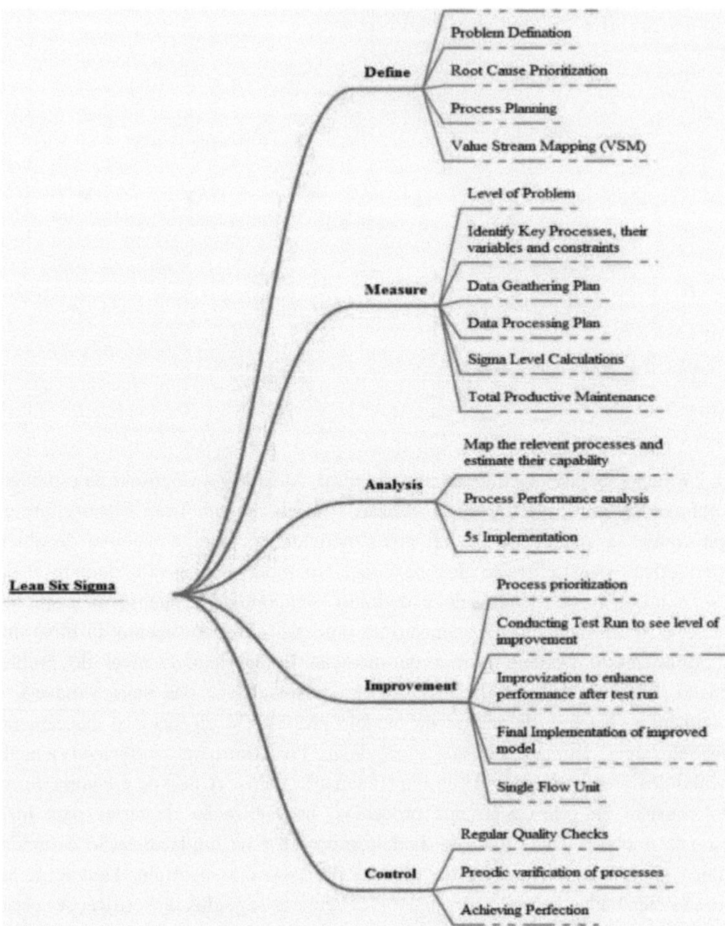

Figura 23: Modelo Lean Six Sigma melhorado

A tabela 36 indica a importância da mão de obra, dos processos de fabrico seguidos, dos materiais utilizados, das máquinas/equipamentos disponíveis e dos clientes prováveis para uma organização de fabrico. Na tabela 36, a frequência foi classificada de muito alta a baixa, com base na ponderação apresentada nos trabalhos de investigação anteriores, tendo sido fixada a frequência de cada parâmetro.

Tabela 36: Dimensões Lean Six Sigma e respectivos factores

S.n.	Dimensões	Fator	Frequência
	Homens (Mão de obra)	Competências da mão de obra	25(VH)
		Programas de desenvolvimento da força de trabalho	13(L)
		Envolvimento dos trabalhadores	6(VL)
2	Métodos (Processos de fabrico)	Definir	20(VH)
		Medida	16(H)
		Análise	13(L)
		Melhorar	18(H)

		Controlo	19(H)
		TPM	15(H)
		5S	13(L)
		Mapeamento do fluxo de valor	7(VL)
		Unidade de fluxo único	16(H)
		Atingir a perfeição	15(H)
3	Material	Disponibilidade de matéria-prima	20(VH)
		Qualidade da matéria-prima	21(VH)
		Inventário de materiais	22(VH)
4	Máquinas	Automatização de máquinas	23(VH)
		Atualização das máquinas	20(VH)
		Frequência de manutenção	16(H)
5	Consumidor	Satisfação do cliente	19(H)
		Serviço ao cliente	10(L)

Escala de frequência: 1 a 7 = Muito baixo (VL); 8 a 13 = Baixo (L); 14 a 19 = Alto (H); 20 a 25 = Muito alto (VH)

1.2 Apresentação da organização

Foi efectuado um estudo de caso numa empresa de fabrico de acessórios de banho, a Jupiter aqua line Ltd. Mohali. A M/S Jupiter Aqua Lines Ltd., juntamente com as suas congéneres, dedica-se ao fabrico e comércio de acessórios cromados. A organização é um dos principais fabricantes de acessórios cromados e produz quase todos os tipos de acessórios cromados. A organização tem uma força de trabalho de cerca de 200 trabalhadores com um volume de negócios anual de cerca de Rs 40 Crores. A organização tem certificação ISO 19001 e está espalhada numa área de 2000 metros quadrados.

Após uma reunião conjunta com os engenheiros dessa organização, verificou-se que a organização estava a enfrentar os seguintes problemas no fabrico de alguns dos seus componentes. A organização estava a ter um problema grave de elevada rejeição e retrabalho num dos seus produtos denominado "Misturador de parede". Foram recolhidos dados para avaliar a situação.

1.3 Estudo de caso

Foi realizado um estudo de caso numa empresa de fabrico de acessórios de banho situada em Mohali, Punjab, que, juntamente com as suas congéneres, se dedica ao fabrico e comércio de acessórios cromados. A organização é um dos principais fabricantes de acessórios cromados e fabrica quase todos os tipos de acessórios cromados. A organização tem uma força de trabalho de cerca de 200 trabalhadores com um volume de negócios anual de cerca de Rs 40 Crores. A organização tem certificação ISO 19001 e está espalhada numa área de 2000 metros quadrados.

Após uma reunião conjunta com os engenheiros dessa organização, observou-se que a organização estava a enfrentar os seguintes problemas no fabrico de alguns dos seus componentes A organização estava a ter um problema grave de elevada rejeição e retrabalho num dos seus produtos denominado "Misturador de paredes". Foram recolhidos dados para avaliar a situação. A natureza do problema identificado durante a visita foi deliberada em vários sistemas/processos em curso na organização, tendo os seguintes problemas sido notificados através da nossa observação e após discussão com os engenheiros e a direção da organização.

1. Uma taxa de refugo mais elevada devido à rejeição durante a inspeção final.

2. Maior necessidade de retrabalho, resultando em desperdício de recursos
3. Poupança de matérias-primas.

1.4 Metodologia adoptada

Foi efectuada uma pesquisa bibliográfica exaustiva com base no fabrico Lean, seis sigma e Lean Six Sigma. Foram apontados alguns factores-chave que contribuem para o êxito da aplicação destas estratégias de gestão de resíduos. Posteriormente, foi proposto um modelo concetual modificado de implementação do Lean Six Sigma após a sinergia do Lean e do Six Sigma. Neste modelo, as ferramentas com um nível de significado mais elevado do fabrico Lean são aplicadas na abordagem DMAIC do Seis Sigma. Em seguida, a aplicação do modelo concetual proposto foi efectuada numa PME de produção baseada na fundição e foram analisados os resultados pré e pós-implementação da estratégia Lean Seis Sigma. Através da realização de uma entrevista retrospetiva, foram identificadas seis unidades de fabrico localizadas em Patiala, Ludhiana e Mohali, a partir de vários clusters de fabrico, para a aplicação do modelo LSS. As organizações foram identificadas com base na sua lista de organizações selecionadas com base no seu cluster, que é apresentada na tabela 37.

Table 37: Lista de organizações selecionadas

S. Não	Nome da organização	Aglomerado
1	JAL Aqua Limited	Fundição
2	GL Seriah Industries	Componentes de máquinas
3	ELEX. Co.	Componentes para automóveis
4	Ashoka Gears Ltd.	Fabricante de equipamentos
5	Gurjit Mechanical Works	Laminadores
6	Máquinas-ferramentas Gagal	Máquinas-ferramentas

Estas organizações foram visitadas para explicar os objectivos da investigação e para receber informações sobre os seus esforços de implantação.

37.5Acções corretivas

Na ação corretiva para os problemas acima mencionados da organização, foi recomendado à gestão que a abordagem Lean Six Sigma fosse implementada na organização industrial, a fim de reduzir a sucata/trabalho e poupar a matéria-prima. Ao mesmo tempo, foi sugerido que o número de núcleos produzidos por dia também pode ser melhorado através da implementação da abordagem Lean Six Sigma na sua organização. Um diagrama de espinha de peixe, como mostra a figura 28, representando os quatro M, indica a utilização adequada de Homens, Máquinas, Métodos e Materiais para alcançar a perfeição nos processos conduzidos nas suas organizações com o objetivo de assegurar a sustentabilidade no atual mundo competitivo.

37.6Implementação do modelo Lean Six Sigma

O presente estudo centra-se no reforço das ferramentas e técnicas de fabrico Lean em Six Sigma, a fim de propor um novo modelo Lean Six Sigma para as indústrias transformadoras da Índia. A implementação gradual do modelo Lean Seis Sigma proposto foi efectuada na organização. O quadro 38 representa o quadro DMAIC do Lean Six Sigma.

Table 38: Quadro DMAIC Lean Six Sigma

Fase	Objectivos	Principais actividades
Definir	Estudar os problemas e processos em	Definição do problema
		Formulação da equipa e atribuição de tarefas
		Conceção do SIPOC e do mapa de processos

	pormenor	Identificação das caraterísticas críticas para a qualidade
		Identificação da variável-chave de saída do processo
		Mapeamento do fluxo de valor
Medida	Recolha de dados para medir o desempenho do processo	Medir e analisar a variável-chave de saída do processo
		Determinar as linhas de base e o carácter do projeto
Analisar	Identificação de Causas profundas	Brainstorming e definição de prioridades das causas principais
		Identificar as principais variáveis de entrada do processo
Melhorar	Implementação de Dar prioridade às soluções	Dar prioridade às soluções
		Validar soluções
Controlo	Monitorização do sistema	Atualizar o plano de controlo do processo.
		Monitorizar o processo para verificar os efeitos a longo prazo.

Passo 1

Na primeira etapa da implementação, todo o processo é definido em pormenor. Observou-se que defeitos como furos de sopro, retração, porosidade de gás, lavagem de areia, etc. são gerados na fase de fundição (ilustrado na Figura 34). Estes só eram parcialmente visíveis após a maquinagem da peça. Este foi o primeiro passo no qual o problema é identificado e o brainstorming é efectuado para descobrir a causa raiz do problema. A apresentação fotográfica dos produtos visados, mostrada na figura 30, indica os principais problemas enfrentados pelos fabricantes durante a produção, o que aumenta as hipóteses de refugo ou retrabalho.

Figura 24: Secção de corte da peça defeituosa

A partir da fase de definição da investigação, foi identificado que o problema parece ter sido na fase de fundição do processo global da fundição, pelo que foi preparado um diagrama SIPOC (Supplier-Input-Process-Output-Customer). A Tabela 39 (a & b) representa o SIPOC dos processos de fusão e moldagem do presente estudo.

Tabela 39 (a): SIPOC de fusão

SIPOC para fusão				
Fornecedor	**Entrada**	**Processo**	**Saída**	**Cliente**

Fornecedor de Cobre, zinco e latão	Sucata metálica	Mudança de Carga e material no forno	Metal fundido final/Liga	Departamento de Casting
	Rendimento interno	Fusão de metais/ligas		
	Água			
	Eletricidade			

Table 39: (b): SIPOC de Moldagem

SIPOC para moldagem				
Fornecedor	**Entrada**	**Processo**	**Saída**	**Cliente**
Departamento de Areia.	Areias verdes	Transferência de fundido Metal em moldes	Fundição	Secção de Inspeção
Departamento de fusão	Núcleos e filtros	Solidificação de Metal fundido no molde	Retorno de areia	
	Metal fundido	Remoção de núcleos Limpeza da peça fundida final		

Posteriormente, foi efectuado o mapeamento do fluxo de valor das várias actividades da unidade de fabrico. A Figura 31 mostra o mapeamento do fluxo de valor proposto.

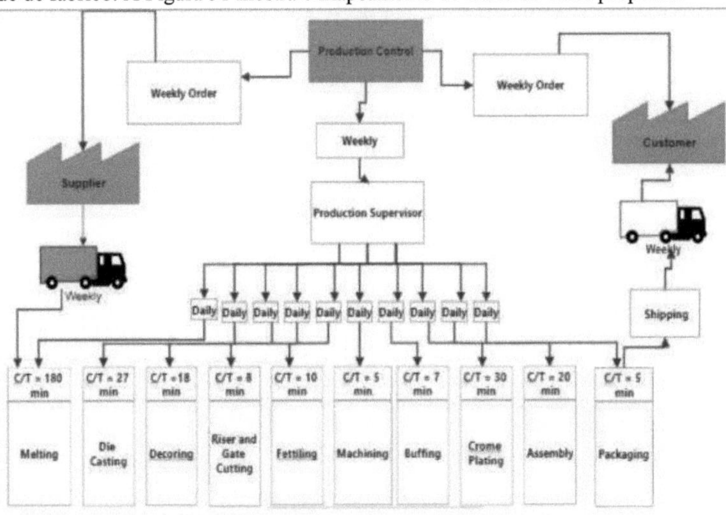

Figura 25: Mapeamento do fluxo de valor

Passo 2

Na segunda fase da aplicação, foram recolhidos dados relativos aos últimos quatro anos, que revelaram que a taxa de rejeição era de 16,4% e a taxa de retrabalho de 33,08%, ambas mais elevadas. O retrabalho é também uma atividade sem valor acrescentado e indicativa de má qualidade (quadro n.º 32). Foi discutido que o LSS é uma sinergia de duas técnicas bem sucedidas de gestão de resíduos, pelo que ao integrar estas duas metodologias, o desempenho global do sistema pode ser melhorado sistematicamente através da eliminação de resíduos e da variação nos processos. Combina o fabrico enxuto/empresa enxuta e o Seis Sigma para eliminar os oito tipos de resíduos: - Defeitos - Excesso de produção - Espera

- Talento não-Utìlizado
- Transporte
- Inventário
- Movimento
- Extra-processamento

Além disso, os dados dos últimos quatro meses, ou seja, de janeiro a abril de 2018, que representam o número de peças rejeitadas e o número de peças retrabalhadas, são recolhidos como indicado no quadro 40.

Tabela 40: Registo mensal de peças rejeitadas/retrabalhadas (antes da implementação do LSS)

S.N.	Mês	N.º total de peças produzidas	N.º de peças rejeitadas	Percentagem de rejeição (%)	N.º de peças trabalhadas	Retrabalho Percentagem (%)
1	Jan-18	468	88	19	143	30
2	Fev-18	531	105	20	181	34
3	Mar-18	549	99	18	162	29
4	abril-18	568	77	13	202	35
Total		2016	369	18	688	34

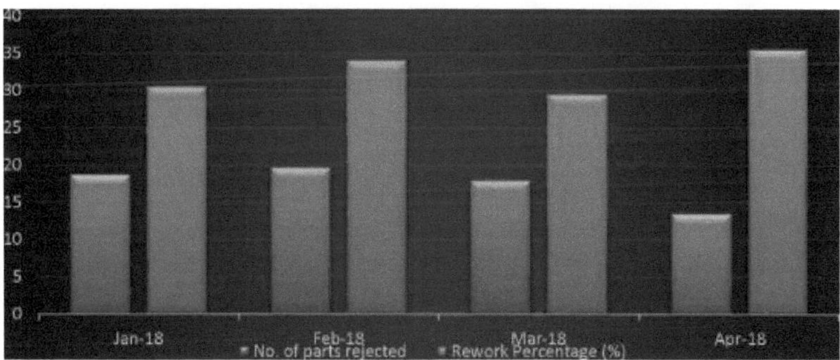

Figura 26: Análise de sucata por histograma

Depois de estudar o registo mensal de refugo nos últimos quatro meses, ou seja, de janeiro a abril de 2018, observou-se que cerca de 19% da produção total é refugo, enquanto 30% a 35% dos produtos precisam de ser retrabalhados, um nível tão elevado da taxa de refugo e retrabalho aumenta o custo global e as despesas da organização. A Figura 32 reflecte os gráficos de barras do número de peças rejeitadas e retrabalhadas entre janeiro e abril de 2018.

Passo 3

A próxima questão que se coloca é "Quais são os principais factores do refugo?" Foram identificadas várias razões para os defeitos: furos, retração, porosidade de gás, lavagem com areia, furos, cicatrizes e rasgos quentes. Por conseguinte, foi efectuada uma análise de Pareto. Utilizando a análise de Pareto, pode ser identificado um número limitado de factores que podem afetar significativamente o processo global. A Tabela 41 representa a análise de Pareto dos principais defeitos de fundição.

Tabela 41: Análise de Pareto dos principais defeitos de fundição

S.NO	Defeitos de	Frequência	Frequência acumulada	Percentagem (%)

	fundição			
1	Buracos de sopro	61	61	32
2	Retração	43	104	55
3	Porosidade do gás	34	138	73
4	Lavagem de areia	26	164	86
5	Furos	17	181	95
6	Medos	6	187	98
7	Lágrimas quentes	2	189	100

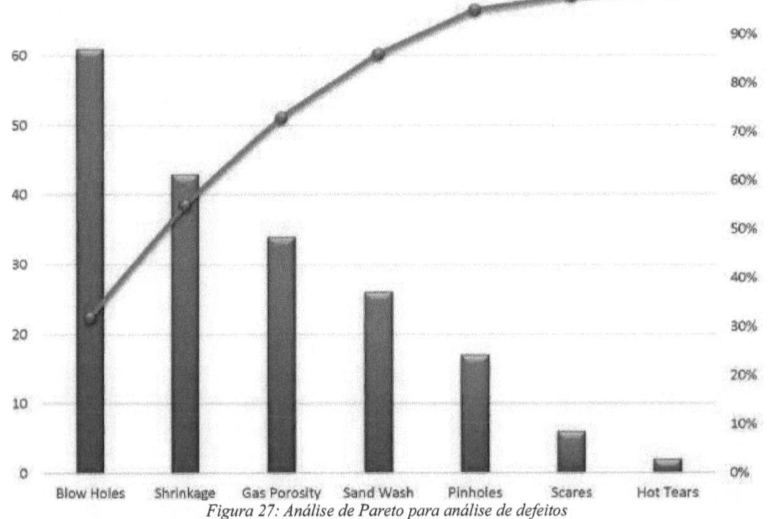

Figura 27: Análise de Pareto para análise de defeitos

Foi efectuada uma análise adequada para estimar as principais razões do problema. A partir da representação gráfica da análise de Pareto na figura 33, reconheceu-se que 86% das razões para a rejeição e o retrabalho são os furos, a contração, a porosidade do gás e a lavagem de areia. Isto significa que é necessário trabalhar para eliminar estes quatro principais defeitos de fundição, de modo a ultrapassar 86% dos problemas.

Etapa n.º 4

Posteriormente, procedeu-se à análise dos processos individuais, a fim de identificar as deficiências do processo. O passo seguinte da implementação do modelo Lean Six Sigma é uma melhoria, sendo efectuada a prioritização dos processos (Figura 38). Nesta fase, foi sugerida e implementada a sequência correta dos processos realizados durante a fundição, pela ordem sugerida na figura seguinte. Outros depósitos de grafite na caixa do núcleo foram removidos através de uma limpeza profunda com ácido. Isto ajudou na recriação de cavidades que não eram visíveis anteriormente. As cavidades minimizaram ainda mais o tempo de solidificação da secção transversal defeituosa. Além disso, a profundidade da porta aumentou a partir do LHS, levando a uma redução adicional do tempo de solidificação. O diâmetro núcleo na parte roscada foi aumentado em alguns microns através do polimento da caixa do núcleo no referido local. Para controlar todo o processo nas actividades de rotina, são efectuados controlos de qualidade regulares e verificações periódicas do processo.

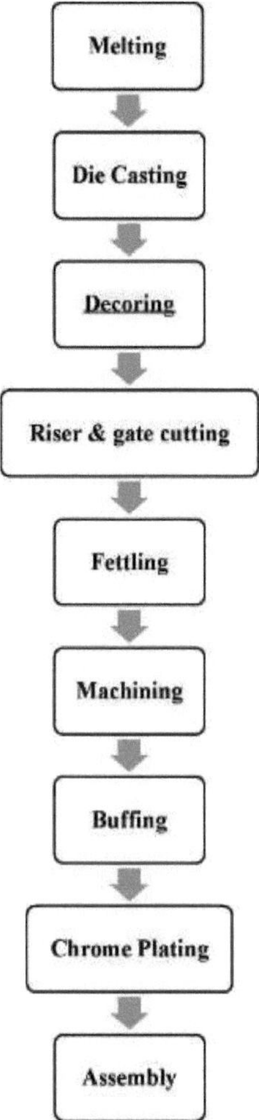

Figura 28: Fluxograma do processo

Após a implementação, tal como recomendado acima, registaram-se melhorias significativas nos resultados.

Table 42: Registo mensal de peças rejeitadas/retrabalhadas (após a implementação do LSS).

S.N.	Mês	N.º total de peças produzidas	N.º de peças rejeitadas	Percentagem de rejeição (%)	N.º de peças trabalhadas	Retrabalho Percentagem (%)
1	maio-18	532	33	6	41	8
2	Jun-18	572	27	5	39	7
3	Jul-18	589	19	3	31	5
Total		1693	79	5	111	7

Após a implementação das recomendações Lean Six Sigma na organização, foi observado um número de peças rejeitadas e um número de peças retrabalhadas ao longo dos três meses , ou seja, de maio a julho de 2018 (como mostra a tabela 42). A partir das observações, verificou-se que há uma melhoria significativa no número de peças rejeitadas e retrabalhadas nestes três meses, uma vez que a percentagem de rejeição melhorou de 18% para 5% e o número de peças retrabalhadas foi reduzido para 7%, que era de 34% antes da implementação do Lean Six Sigma.

A Figura 35 representa a comparação da percentagem de material rejeitado/trabalhado antes e depois da implementação do Lean Six Sigma na sua organização.

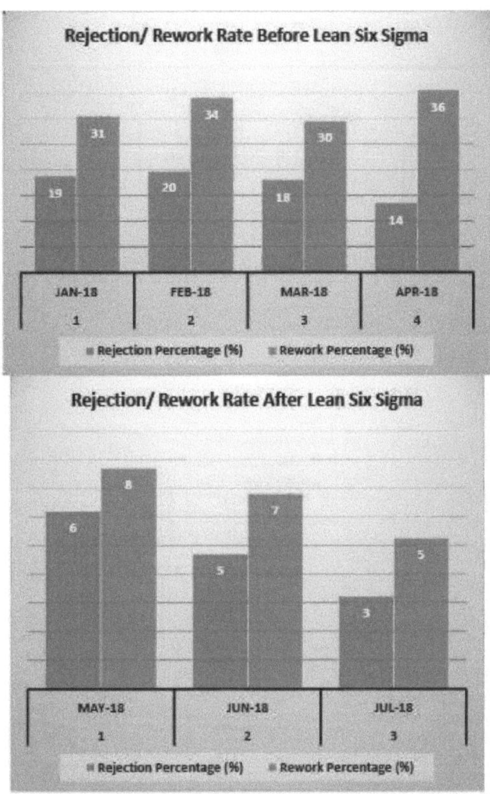

Taxa de rejeição/retrabalho antes do Lean Six Sigma

Taxa de rejeição/retrabalho após Lean Six Sigma

Figura 29: Comparação da Rejeição / Retrabalho antes e depois da implementação do Lean Six Sigma

A melhoria significativa da qualidade do produto foi conseguida após a implementação do Lean Six Sigma nesta organização. A figura 39 representa a imagem do produto final produzido após a aplicação sistemática da técnica de gestão de resíduos proposta, ou seja, Lean Six Sigma. Além disso, o valor sigma global do processo é avaliado utilizando o software simples de cálculo do nível sigma disponível na Internet. As medidas do nível Sigma são apresentadas no quadro 43.

Table 43: Calculadora Sigma (pormenor do processo)

Resultado da produção de maio a julho de 2018

Número total de peças produzidas 1693		
S.NO	**Defeitos de fundição**	**Frequência**
1	Buracos de sopro	61
2	Retração	43
3	Porosidade do gás	34
4	Lavagem de areia	26
5	Furos	17
6	Medos	6
7	Lágrimas quentes	2
Total de sucata		**189**
Número de oportunidades		7
DPMO		15948
Nível Sigma do processo		**3.65**
Rendimento		98.41%

Para monitorizar o fabrico global, são considerados os dados de produção de maio a julho de 2018 e calculados os defeitos por milhão de oportunidades (DPMO), que, após o cálculo, são 15948, sendo o valor sigma do processo global calculado como 3,65.

Figura 30: Uma secção cortada da peça Misturador de paredes depois de melhorada na caixa de núcleos e na matriz

Passo 5:

Na fase seguinte de atingir a perfeição, foi aconselhado à organização que implementasse as normas de qualidade. Todas as indústrias transformadoras dependem em grande parte das suas máquinas e, por vezes, a criação situa-se devido à avaria súbita das máquinas durante o trabalho. Por conseguinte, torna-se importante efetuar uma manutenção periódica das máquinas em diferentes fases. Para melhorar a integridade das normas de qualidade dos sistemas de produção, é introduzida a Manutenção Produtiva Total (MPT). Os processos empresariais serão altamente beneficiados com a implementação da TPM, uma vez que esta pode criar sincronização entre funcionários, máquinas, equipamentos e sistemas de apoio.

Por conseguinte, é implementado um calendário de manutenção regular das máquinas e de restauro do equipamento, discutido com a direção da organização. Posteriormente, é efectuada uma sequenciação adequada dos processos em e foram propostas algumas alterações na disposição da organização, a fim de reduzir os tempos de fluxo do produto no chão de fábrica.

Estudo de caso 2:

Foi efectuado um estudo de caso utilizando um modelo LSS melhorado para melhorar o desempenho da organização. A principal barreira identificada para a implementação do LSS é o facto de a gestão de topo não estar sensibilizada para o LSS e de a empresa não estar preparada para a implementação do LSS. Assim, a direção de topo foi sensibilizada para os benefícios do SFA através de reuniões com o CEO. De acordo com o plano de implementação do LSS, inicialmente, o CEO dá a aprovação para iniciar um projeto LSS na sua organização. Assim que o projeto LSS é aprovado, é formada uma equipa para a implementação do LSS, que inclui engenheiros de produção, gestores de piso e operadores. A fim de identificar as oportunidades de melhoria. Durante as reuniões com as equipas, foi identificado que a organização de produção estava a enfrentar dificuldades na redução da taxa de refugo no produto fabricado, ou seja, o eixo do rolo.

Definir fase:

É um plano de gestão de projeto que inclui o produto ou processo que precisa de ser melhorado, a necessidade e o âmbito do projeto com um calendário, recursos e resultados. Por conseguinte, é elaborado um diagrama do projeto, tal como apresentado no quadro 44, com uma descrição pormenorizada do problema, que contém todas as informações necessárias sobre o projeto para definir corretamente o problema.

Table 44: Descrição do problema

Objetivo do estudo de caso	**Para reduzir a sucata**
ELEMENTO	**DESCRIÇÃO**
Objetivo do processo Estudo	O objetivo do estudo é propor um plano de melhoria para reduzir o número de produtos defeituosos durante a produção de Roller Shaf e sensibilizar a gestão para o LSS.
Problema declaração	No período de agosto de 2018 a dezembro de 2018, o número total de peças produzidas foi de 2835, das quais 221 peças foram consideradas defeituosas durante a inspeção. Por conseguinte, foram detectadas 8% de rejeições durante a inspeção final.
Declaração de objectivos	Para reduzir a taxa de rejeição durante a inspeção.
Âmbito do projeto	Concentrar-se apenas nos fracassos internos.

A figura 37 representa um veio defeituoso durante o corte de desbaste. Após o corte de desbaste durante o torneamento

operação no veio ondas de rugosidade encontradas na superfície maquinada do veio.

Figura 31: Eixo defeituoso (corte grosseiro)

Com o objetivo de definir o processo completo em pormenor, os fornecedores, entradas, processos, saídas, e clientes (SIPOC) para o fabrico do veio de rolos são preparados como mostra a tabela 45.

Tabela 45: SIPOC do fabrico de veios de rolos

SIPOC de fabrico de veios de rolos

<table>
<tr><th>Fornecedor</th><th>Entrada</th><th>Processo</th><th>Saída</th><th>Cliente</th></tr>
<tr><td rowspan="6">Inventário</td><td>Poder do homem</td><td>Corte de peças</td><td rowspan="6">Rolo
Eixo</td><td rowspan="2">Célula de garantia de qualidade</td></tr>
<tr><td>Máquinas</td><td>Marcação central</td></tr>
<tr><td rowspan="4">Procedimento</td><td>Torneamento irregular</td><td rowspan="4">Departamento de embalagem</td></tr>
<tr><td>Torneamento fino</td></tr>
<tr><td>Corte de ranhuras em L</td></tr>
<tr><td>Montagem de rolamentos</td></tr>
</table>

Fase de medição:

Na fase de medição, foram recolhidos dados para determinar as informações necessárias para os projectos. O processo envolvido e o seu resultado foram determinados com base nas informações do SIPOC. As várias operações relacionadas com o fabrico do veio de rolos foram mapeadas para se obter uma visão global deste projeto. O veio de rolos é a matéria-prima de entrada (feita de aço forjado) que é submetida a uma série de operações, como se mostra na Figura 38. Os componentes acabados do veio de rolos são o produto final que é entregue ao cliente final.

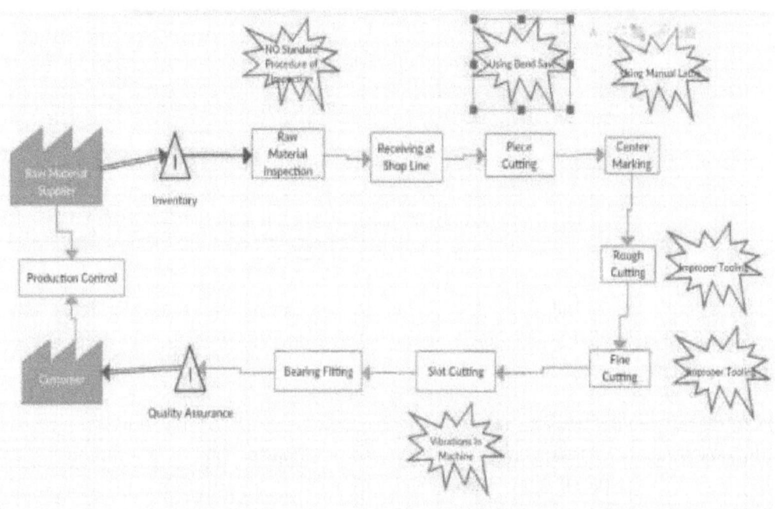

Figura 32: Estado atual do processo de fabrico do veio de rolos

O diagrama VSM apresentado na Figura 38 mostra a presença de actividades sem valor acrescentado (NVA), tal como indicado a seguir.

- Não existe um procedimento normalizado para a seleção de matérias-primas
- Não estão disponíveis ferramentas adequadas para o torneamento fino
- Vibrações na máquina de corte de ranhuras
- Procedimentos normalizados melhorados necessários para a inspeção da peça final.

O eixo do rolo, como mostra a figura 39, fica danificado devido à disponibilidade de ferramentas inadequadas e à falta de conhecimento do trabalhador relativamente às ferramentas necessárias para o torneamento em bruto e fino. Verificou-se também que existe uma vibração nas máquinas de corte de peças e de corte de ranhuras devido à qual ocorre uma imprecisão dimensional nas peças processadas.

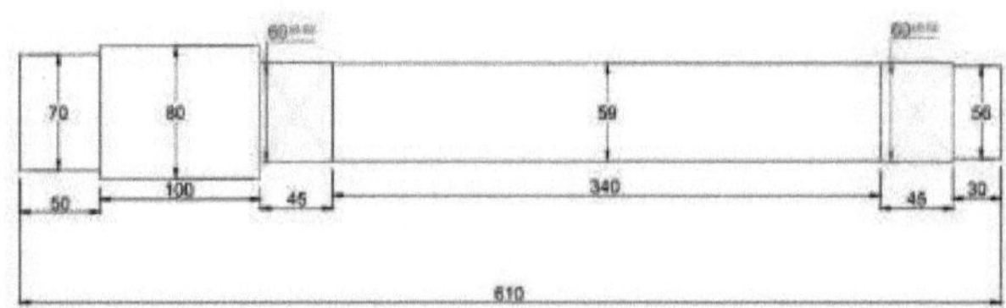

Figura 33: Eixo do rolo

Os dados foram registados ao longo de um período de cinco meses, ou seja, de agosto de 2018 a dezembro de 2018, tendo-se observado que a percentagem de rejeição varia entre 7% e 9% (como mostra o quadro 46)

Quadro 46: Número de rejeições por mês

S.N.	Mês	Número de peças produzidas	Número de rejeições	Percentagem %

1	Ago-18	511	39	8
2	Set-18	602	54	9
3	Out-18	577	42	7
4	Nov-18	553	45	8
5	Dez-18	592	41	7
Total		2835	221	8

Fase de análise:

O objetivo da fase de análise é estabelecer uma relação entre as informações recolhidas e as causas dos defeitos. Os dados relativos às várias causas de defeitos foram recolhidos num quadro (quadro 47). Foi utilizado um gráfico de Pareto para mostrar o número de rejeições entre o mês de agosto de 2018 e dezembro de 2018 para identificar a causa mais comum dos defeitos.

Quadro 47: Detalhe mensal das causas dos defeitos

Defeito	Ago. 2018	setembro de 2018	Out. 2018	Nov. 2018	Dez.2018	Total
Defeito na matéria-prima	4	5	3	5	5	22
Corte de peças	5	4	4	7	5	25
Marcação central	4	5	3	4	4	20
Corte em bruto	12	18	14	16	13	73
corte fino	11	17	12	9	9	58
Corte de ranhuras	2	4	4	2	3	15
Montagem de rolamentos	1	1	2	2	2	8
Total	39	54	42	45	41	221

Entre os defeitos, os que mais contribuem para a sua ocorrência são o defeito no corte em bruto, o corte fino, a matéria-prima defeituosa e o corte de peças, que contribuem coletivamente com 81% dos defeitos globais (Quadro 48).

Tabela 48: Análise de Pareto das causas dos defeitos

S.N.	Defeito	Frequência	Frequência acumulada	Percentagem (%)
1	Corte em bruto	73	73	33
2	Corte fino	58	131	59
4	Corte de peças	25	156	71
3	Defeito na matéria-prima	22	178	81
5	Marcação central	20	198	90
6	Corte de ranhuras	15	213	96
7	Montagem de rolamentos	8	221	100

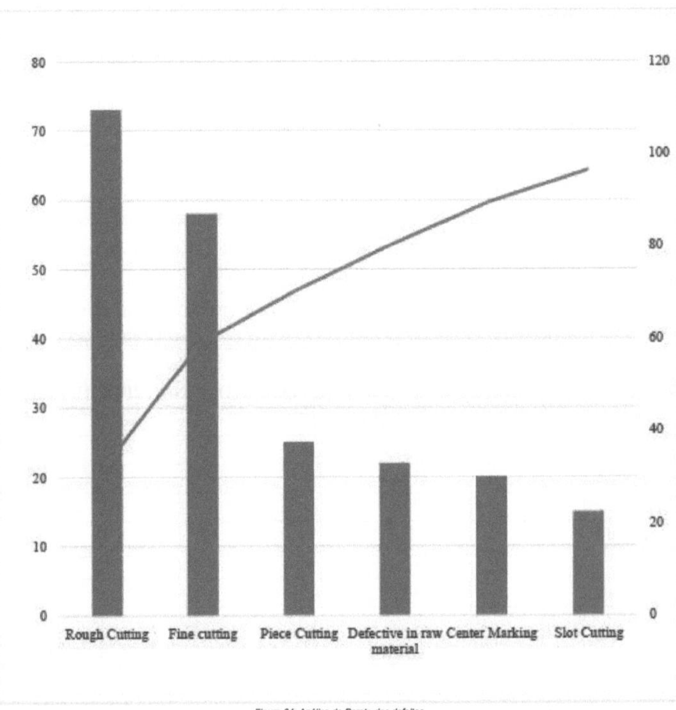

Figura 34: Análise de Pareto dos defeitos

Melhorar a fase:

A partir da análise de Pareto, verificou-se que o corte em bruto, o corte fino, a matéria-prima defeituosa e o corte de peças contribuem com cerca de 81% dos resíduos na peça fabricada. Por conseguinte, na fase de melhoria, a causa dos defeitos foi identificada juntamente com medidas preventivas que também foram solicitadas a implementar, fixando as funções e as responsabilidades dos departamentos em causa da organização, como se mostra na Tabela 49.

Tabela 49: Defeitos e suas medidas preventivas

S.n.	Defeitos	Causa principal	Medidas preventivas	Papel e Responsabilidade
1.	Bruto defeituoso Material	Não existe um procedimento normalizado para Matéria-prima Inspeção	Foi introduzido um procedimento normalizado para a inspeção de matérias-primas, que inclui ensaios espectrométricos de materiais, ensaios de dureza digital, deteção de fissuras por partículas magnéticas e ensaios relacionados com a resistência dos materiais.	Departamento de Qualidade.
2.	Torneamento	Defeito/	1. Inspeção da	Departamento de

	defeituoso (Torneamento de acabamento e Torneamento em bruto)	ferramentas danificadas	ferramenta em intervalos regulares 2. Recomenda-se a utilização de uma ferramenta com um raio de ponta R-1,2 em vez de R-0,8, para reduzir o tempo de ciclo durante o torneamento em desbaste. 3. Ferramenta com raio de ponta R-0,4 recomendada para torneamento fino	Qualidade
3.	Danos na peça durante o corte	Excessivo Vibrações	Amortecedores de vibrações instalados na fundação da máquina	Manutenção Departamento

O objetivo da fase de melhoria é propor um plano sistemático para a implementação. Isto envolve um brainstorming que conduz a potenciais soluções. Foi efectuado um cálculo do tempo de ciclo dos vários processos envolvidos no fabrico do veio do rolo (Tabela 50).

Tabela 50: Cálculo do tempo de ciclo (unidades: min)

Funcionamento	**Carregamento**	**Máquina Tempo**	**Manual Tempo**	**Descarga**	**Ciclo total Tempo**
Inspeção de matérias-primas			25		25
Corte de peças	2	4		1	7
Marcação central	5	6		1	12
Corte em bruto	3	10		1	14
Corte fino	1	2		1	4
Corte de ranhuras	3	9		2	14
Montagem de rolamentos			10		10

Posteriormente, foi efectuado o mapeamento do fluxo de valor das várias actividades da unidade de fabrico. A figura 41 mostra o mapeamento do fluxo de valor proposto.

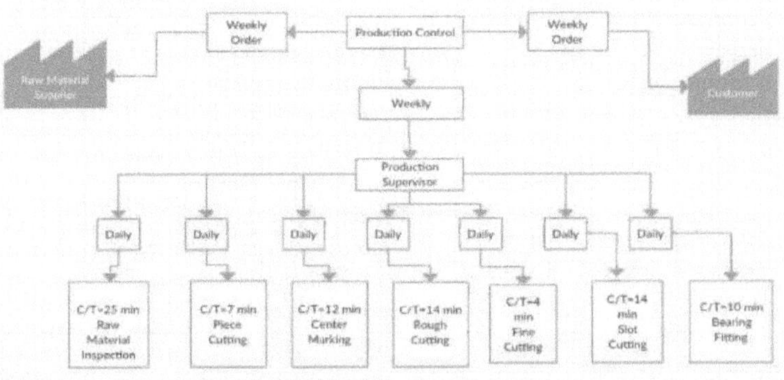

Figura 35: Mapeamento do fluxo de valor após melhorias

Fase de controlo:

As recomendações sugeridas durante a fase de análise e a fase de melhoria foram implementadas no local de trabalho, tendo os processos sido observados meticulosamente durante um período de quatro meses para detetar eventuais melhorias. As observações dos mesmos estão representadas na tabela 51.

Tabela 51: Número mensal de rejeições após a implementação do modelo LSS

S.N.	Mês	Número de peças produzidas	Número de rejeições	Percentagem %
1	Jan-19	633	37	6
2	Fev-19	593	29	5
3	Mar-19	615	30	5
4	Abr-19	601	25	4
Total		2442	121	5

Comparando o quadro 46 com o quadro 51, nota-se claramente uma melhoria no número de rejeições.

A comparação das duas tabelas revela que o número de rejeições foi significativamente reduzido de 8% para 5%. A Figura 42 representa a comparação da redução de refugo antes e depois da implementação do LSS.

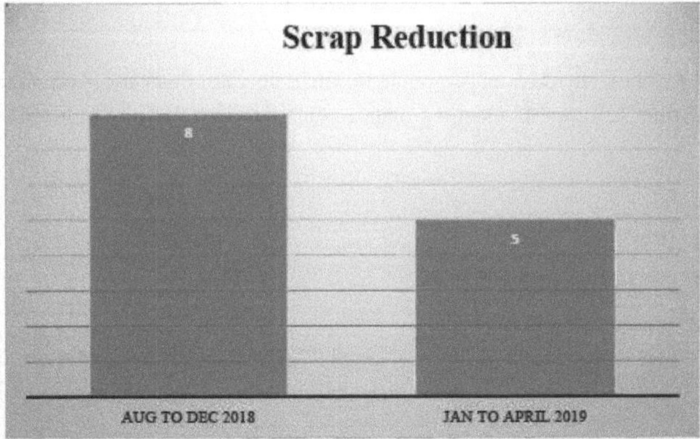

Figura 36: Comparação da redução de sucata antes e depois da implementação do LSS

Após a implementação do LSS na organização, registou-se uma melhoria significativa da qualidade do produto. Além disso, o valor sigma global do processo é avaliado utilizando o software simples de cálculo do nível sigma As medidas do nível sigma são apresentadas no quadro 52.

A Figura 43 representa a imagem final do veio de laminagem após a implementação do LSS no

PME transformadora.

Figura 37: Eixo do rolo após a implementação do LSS

Tabela 52: Calculadora Sigma (pormenor do processo)

Resultado da produção de janeiro a abril de 2019		
Número total de peças produzidas 2442		
S.NO	**Defeito**	**Frequência**
1	Corte em bruto	73
2	corte fino	58
3	Defeito na matéria-prima	25
4	Corte de peças	22
5	Marcação central	20
6	Corte de ranhuras	15
7	Montagem de rolamentos	8
Número de oportunidades		7
DPMO		36393
Nível Sigma do processo		3.3
Rendimento		97.91%

A fim de controlar o fabrico global, a produção d	Os dados de janeiro a março de 2019 são

O valor sigma do processo global é calculado como 3,3.

6.7 Observações finais

O presente estudo foi realizado com o objetivo de conceber um modelo teórico Lean Six Sigma que possa ser implementado em qualquer organização industrial para melhorar a gestão dos resíduos. Inicialmente, foram identificados os vários factores/causas responsáveis pelo desperdício e foi feita uma análise completa para descobrir a causa principal do mesmo. Além disso, foi efectuado o estudo de várias ferramentas e técnicas e foi feita a sinergia de duas técnicas de gestão de resíduos, ou seja, o fabrico Lean e o Six Sigma. Foram identificadas e estudadas em pormenor várias ferramentas e técnicas associadas ao fabrico Lean e ao Seis Sigma e as ferramentas do fabrico Lean foram reforçadas na abordagem Seis Sigma (abordagem DMAIC), tendo sido proposto um modelo avançado de Lean Seis Sigma que pode ser aplicado em qualquer tipo de organização de fabrico. A implementação do modelo

Lean Six Sigma na indústria de fundição resulta numa procura rigorosa da redução das variações registadas nos vários processos para alcançar a perfeição que pode afetar a preocupação principal ou a melhor linha da associação e aumentar a satisfação do consumidor em cada área de trabalho. No final, podemos dizer que "a medição das operações é como um mal necessário" e deve ser efectuada antes da fase de melhoramento, uma vez que, embora não provoque qualquer mudança, revela-nos a orientação e os factores-chave que podem dar resultados extraordinários.

CAPÍTULO 7

CONCLUSÕES

7.1 Introdução

Este capítulo apresenta o resumo do trabalho de investigação efectuado, os seus resultados, conclusões, recomendações e vários domínios em que podem ser realizados novos trabalhos de investigação. O resumo da investigação abrange o método adotado, as caraterísticas principais e os vários instrumentos e técnicas utilizados no trabalho. Além disso, são apresentados os resultados do inquérito e dos estudos de caso, bem como as inferências deles retiradas e as principais aprendizagens. Com base nos resultados e nas constatações, foram tiradas conclusões e feitas recomendações. As limitações e o âmbito do trabalho futuro são também abordados neste capítulo.

7.2 Resumo da investigação

A investigação foi efectuada através da comparação qualitativa e quantitativa de várias técnicas de gestão de resíduos (Sodhi et al., 2019a; Sodhi et al., 2020a). A literatura de várias técnicas de gestão de resíduos utilizadas nas organizações de fabrico foi revista e, após a comparação de todas as técnicas, concluiu-se que o LSS é a técnica com o máximo impacto na redução de resíduos (Singh e Sodhi, 2014a). Foi desenvolvido um questionário no qual foram colocadas várias questões relevantes para a técnica de gestão de resíduos (Sodhi et al, 2019b). O questionário concebido foi distribuído entre várias organizações industriais através de correio eletrónico ou visitas pessoais (Sodhi et al., 2020b). O inquérito foi realizado através de um questionário simples, relevante e concebido de forma abrangente, contendo cerca de 200 perguntas relativas ao quadro concetual pretendido, que procura obter informações sobre o estado das diferentes técnicas de gestão de resíduos implementadas na indústria transformadora indiana (Sodhi et al., 2019c). Foi dada especial ênfase à procura de informações relacionadas com a eficácia da técnica de gestão de resíduos implementada, a importância das ferramentas e técnicas individuais da técnica de gestão de resíduos e o efeito da técnica de gestão de resíduos implementada (Sodhi et al., 2020c). O questionário foi concebido após uma extensa revisão da literatura e validado através da revisão por pares de académicos, consultores, peritos e profissionais do sector (Sodhi et al., 2013). A partir do inquérito, as associações entre vários factores da técnica de gestão de resíduos e diferentes causas de resíduos foram estabelecidas utilizando a correlação canónica e a análise de regressão múltipla (Sodhi et al., 2022a). A avaliação de vários factores do LSS foi feita calculando a capacidade de processamento do fator individual (Sodhi et al., 2021). Um modelo relacionado com o LSS foi proposto no estudo que integra a abordagem DMAIC do Six Sigma com as ferramentas e técnicas do Lean Manufacturing (Sodhi et al., 2020d). Após a análise empírica e o desenvolvimento do modelo LSS, foram realizados estudos de caso com o objetivo de validar os resultados obtidos a partir da análise descritiva e empírica do inquérito e de testar o modelo LSS proposto (Singh e Sodhi, 2021).

7.3 Resultados e principais aprendizagens

Os resultados e as questões de aprendizagem foram obtidos e derivados com base em análises descritivas e empíricas dos dados primários recolhidos através do questionário e dos estudos de caso. Estas questões de aprendizagem foram listadas abaixo e serão sintetizadas na modelação qualitativa para desenvolver o plano de implementação (Sodhi et al., 2023).

7.3.1 Conclusões do inquérito

As questões de aprendizagem do estudo descritivo e empírico do inquérito foram sintetizadas e apresentadas a seguir:

Relativamente ao impacto da técnica de gestão de resíduos

- Foi observado que a melhoria da técnica de gestão de resíduos implementada está a ter o maior impacto no desempenho global da organização, uma vez que o valor do PPS é de 75,54%, ao mesmo tempo que as estratégias de melhoria contínua estão a ter o segundo maior impacto, uma vez que o valor do PPS é de 73,06% (Sodhi et al., 2016).
- A implementação do Lean Six Sigma como técnica de gestão de resíduos também é de grande importância, uma vez que o PPC é de 72,73%, ao mesmo tempo que a análise regular do fluxo de trabalho também é de importância semelhante, uma vez que o seu valor de PPC também é de 72,73% (Sodhi et al., 2022b).
- O valor de PPC da gestão dos custos totais é de 71,74% e a compatibilidade da estratégia de gestão dos resíduos com o ambiente de produção é de 71,40%. A restauração do equipamento tem um valor de PPS de 66,12%, o que reflecte a sua importância relativamente menor.

Relativamente ao efeito das principais técnicas de gestão de resíduos na reputação da organização

- O valor PPS da imagem competitiva melhorada da organização é de 71,74%.
- O valor PPS de excelência nas vendas é de apenas 52,23%, o que mostra que a técnica de gestão de resíduos implementada está a ter um impacto muito reduzido na reputação da organização.

Relativamente ao nível de aplicação da técnica de gestão de resíduos

- O nível de redução da sucata após a implementação da técnica de gestão de resíduos tem um valor PPS de 80%, o que mostra que o nível de redução da sucata está diretamente relacionado com o nível de implementação da técnica de gestão de resíduos na organização industrial.
- O nível de equilíbrio da força de trabalho também classifica muito bem o nível de implementação da técnica de gestão de resíduos, uma vez que o seu valor PPS é de 76,69% (Sodhi et al., 2012).
- O nível de redução do inventário raramente está relacionado com o nível de implementação da técnica de gestão de resíduos, uma vez que o seu PPC é apenas de 67,11%.

Relativamente às aprendizagens do estudo empírico

- Os valores de correlação indicam uma forte correlação entre definir e mapear o fluxo de valor (.716 *).
- A medida tem correlação com 5s (0,676*) e aumento da produção (0,723*). Análise com definir (0,706*) e Aumento do lucro
(0,799*). Melhorias em relação ao controlo (0,690*).
- Controlo com melhorias (0,653*), 5s com medida (,616*) e aumento do lucro (0,610*). O mapeamento do fluxo de valor apresenta uma forte correlação com a definição (0,716*) e a manutenção produtiva total (0,87*).
- Unidade de fluxo único com mapeamento do fluxo de valor (0,752*) e redução do custo operacional (0,80*).
- Manutenção produtiva total com aumento da produção (0,697*). Redução de custos com mapeamento do fluxo de valor (0,739*).
- Atingir a perfeição com aumento da produção (0,884*). Nível de consciencialização com a obtenção da perfeição (0,695*).
- Redução da sucata com definição (0,693*). O aumento do lucro mostra uma forte relação

entre o TPM (0,679*). Cumprimento dos pedidos dos clientes com TPM (0,824*).

• Redução dos defeitos com define (0,648*). Aumento do lucro com measure (0,723*) e 5s (0,710*).

• Durante a primeira fase do estudo, vinte e oito factores críticos de sucesso do LSS foram analisados através da análise de factores e foram reduzidos a quatro parâmetros principais, nos quais todos os factores de natureza semelhante foram agrupados. Além disso, estes factores principais foram designados como Normalização de processos, Análise de estratégias LSS, Implementação de estratégias LSS e eliminação de actividades inúteis.

• A partir da análise das capacidades, concluiu-se que as técnicas Definir, Medir, Controlar, 5s, Mapeamento do Fluxo de Valor e Fluxo de Unidade Única contribuem significativamente para a implementação bem sucedida do LSS. Já as técnicas Análise, Melhorias, TPM e Atingir a perfeição não contribuem significativamente para o sucesso da implementação do LSS nas PME indianas (Sodhi et al., 2016).

• A partir do teste de regressão, verificou-se que os principais factores da LSS, ou seja, Definir, Medir, Controlar, 5s, VSM, SFU, têm um efeito significativo na gestão de resíduos da organização industrial, uma vez que o valor P destes factores é inferior a 0,05, ao passo que o valor P da Análise, Melhorias, TPM e obtenção da perfeição é superior a 0,05, pelo que estes factores não afectam significativamente a gestão de resíduos a um nível de confiança de 95% no teste de regressão (Singh e Sodhi, 2021).

Do mesmo modo, o valor de R-sq é 0,7549 e R-sq (adj) é 0,8656, o que permite concluir que 86% do sucesso da redução de resíduos depende dos vários factores do LSS (Singh e Sodhi, 2023).

• O impacto da fase da medida (valor P 0,001) revelou-se altamente significativo para alcançar a mais elevada qualidade e uma melhor gestão nas PME em toda a Índia (Sodhi et al., 2019d). Um mapeamento sistemático dos QCA e de várias questões importantes que contribuem para a gestão de resíduos nas PME com base na significância (valor P) (Singh e Sodhi, 2014b).

7.3.2 Aprendizagens dos estudos de caso

As aprendizagens de vários estudos de caso realizados em várias organizações de produção foram sintetizadas da seguinte forma:

- Foram identificadas e estudadas em pormenor várias ferramentas e técnicas associadas ao fabrico Lean e ao Seis Sigma e as ferramentas do fabrico Lean foram reforçadas na abordagem Seis Sigma (abordagem DMAIC), sendo proposto um modelo avançado de Lean Seis Sigma que pode ser aplicado em qualquer tipo de organização de fabrico.

• Os resultados da implementação do modelo LSS modificado na PME de fundição indicam que existe uma melhoria significativa na taxa de rejeição e na taxa de retrabalho da fundição, uma vez que a rejeição era de 18% entre janeiro e abril de 2018, tendo sido reduzida para 5% após a implementação do modelo LSS entre maio e julho de 2018. Ao mesmo tempo, a percentagem de retrabalho era de 34% durante o período de janeiro a abril de 2018, tendo sido reduzida para 7% após a implementação do modelo LSS durante o período de maio a julho de 2018.

• Os resultados da implementação do modelo LSS modificado na PME de fabrico de componentes para automóveis indicam que existe uma redução significativa dos resíduos após a implementação do LSS na organização. Antes da implementação do modelo LSS, a sucata foi identificada como 8% em agosto a dezembro de 2018 e, após a implementação do LSS, a taxa de sucata foi reduzida para 5% em janeiro a abril de 20

7.4 Limitações do estudo

As principais limitações deste estudo são as seguintes:

- O estudo limitou-se às organizações industriais do país.
- O estudo abrangeu apenas organizações de pequena e média dimensão.
- As organizações transformadoras do estudo foram tratadas da mesma forma, independentemente dos requisitos específicos dos vários sectores.
- Como tal, não foram derivados modelos matemáticos ou relações quantitativas para calcular a contribuição dos vários factores da gestão de resíduos para as várias causas dos resíduos .

7.5 Âmbito do trabalho futuro

Ao realizar o estudo e ao tentar enumerar o seu âmbito, surgiram várias áreas que podem ser objeto de investigação aprofundada. São mencionados aqui os domínios que exigem atenção, exploração e análise mais aprofundadas através de um trabalho de investigação.

- O presente estudo centrou-se principalmente na indústria transformadora. O trabalho pode ser alargado a outras categorias de indústrias, como a indústria de serviços e a indústria transformadora, etc.
- O estudo pode ser alargado da indústria transformadora a toda a cadeia de valor para uma gestão eficaz dos resíduos. Todas as organizações industriais foram tratadas da mesma forma, independentemente das necessidades específicas dos vários sectores. Assim, pode também ser efectuada uma análise setorial para responder adequadamente às diferentes necessidades dos diversos sectores.

7.6 Observações finais

Com base nas conclusões obtidas sobre cada uma das questões identificadas no início da investigação, verificou-se que a aplicação adequada de uma técnica de gestão de resíduos é extremamente importante para a redução dos resíduos numa organização industrial. O papel da técnica de gestão de resíduos na gestão da sucata e dos resíduos na indústria transformadora tem sido imperativo e inseparável. As organizações têm de ser suficientemente rápidas para lidar eficazmente com as mudanças ambientais. Conclui-se que, num ambiente empresarial hipercompetitivo, a técnica de gestão de resíduos tem um impacto vital na gestão dos resíduos numa organização industrial.

Referências

1. Aguado, S., Alvarez, R., e Domingo, R., (2013), "Modelo de melhorias eficientes e sustentáveis num sistema de produção enxuta através de processos de inovação ambiental." Journal of Clean. Production, Vol.47, No-2, pp.-141148.

2. Albliwi, S., Antony, J., Abdul, S., e Vander, T., (2014), "Critical failure factors of Lean Six Sigma: a systematic literature review." International Journal of Quality & Reliability Management, Vol. 31, No. 9, pp-1012-1030.

3. Allen, D., Gutowski, T., Murphy, C., Bauer, D., Bras, B., Piwonka, T., Sheng, P., Sutherland, J., Thurston, D., e Wolff. E., (2005), Environmentally Benign Manufacturing: Observations from Japan, Europe, and the United States. Journal of Clean Production. Vol. 13, No. 1, pp.-1-17.

4. Alsagheer, A., e Hamdan, B.M., (2011), "Seis Sigma para a sustentabilidade em organizações multinacionais." Journal of Business and Case Study, Vol. 7, No. 3, pp.- 7-16.

5. Alves, J., e Alves, J., (2015), "Modelo de gestão da produção integrando os princípios do lean manufacturing e da sustentabilidade apoiado na transformação cultural de uma empresa". International. Journal of Production Research, Vol. 51, No. 11, pp.- 1-14.

6. Antony, J., (2004), "Some pros and cons of Six Sigma: an academic perspective" The TQM Magazine. Vol. 16, No. 4, pp. - 303-306.

7. Antony. J., (2011), "Critical failure factors of Lean Six Sigma: a systematic literature review", International Journal of Quality & Reliability Management, Vol. 31, No 9, pp. 1012 - 1030

8. Assarlind, M., Gremyr, I., e Backman, K., (2012), "Multi-faceted views on a Lean Six Sigma application" International Journal of Quality and Reliability
Gestão. Vol. 29, No. 1, pp.-21-30.

9. Bacoup, P., Michel, C., Habchi, G., e Pralus, M., (2018), "From a quality management system (QMS) a lean quality management system (LQMS)", The TQM Journal, Vol. 30 No. 1, pp. 20-42.

10. Bakri, A. (2013), "Critical success factors of Six Sigma implementations in Italian companies International Journal of Production Economics, Vol. 131 No. 1, pp. 158-164.

11. Banawi, A., e Bilec, M.M., (2014), "A framework to improve construction processes: integrating lean, green and Six Sigma". Revista Internacional de Gestão da Construção. Vol.14, No.1, pp. - 45-55.

12. Banuelas, T., (2002), "A review and comparison of six sigma and the lean organizations." The TQM Magazine Vol. 18, No. 3, pp. -255-262.

13. Bergmiller, R.C., e De Castro, M., (2009), "The impact of Six Sigma in the performance of a Pollution Prevention program". Journal of Clean Production. Vol. 17, pp. - 1303-1310.

14. Byrne, G., Lubowe, D., e Blitz, A., (2007), "Using a Lean Six Sigma approach to drive innovation". Vol.35, No. 2, pp.- 5-10.

15. Cabral, I., Grilo, A., e Cruz-Machado, V., (2012), "A decision-making model for lean, agile, resilient and green supply chain management." International Journal of Production Resources. Vol. 50, No. 17, pp.- 4830-4845.

16. Carvalho, H., Duarte, S., e Cruz-Machado, V., (2009), "Lean, ágil, resiliente e verde: divergências e sinergias". International Journal of Lean Six Sigma. Vol. 2, No. 2, pp. -151-179.

17. Chandima, A., (2018), "Diferenças entre as aplicações Seis Sigma na indústria

transformadora e na indústria de serviços". International Journal of Product Quality Management Vol. 12, No. 3, pp.- 345-360.

18. Chiarini, A., (2013), Relações entre a gestão da qualidade total e Seis Sigma dentro de empresas europeias de manufatura: uma pesquisa dedicada. Jornal Internacional de Gestão da Qualidade do Produto Vol. 11, No. 2, pp. - 179194.

19. Chiarini, A., (2014), "Sustainable manufacturing-greening processes using specific lean production tools: an empirical observation from European motorcycle component manufacturers." Journal of Clean Production, Vol. 85, pp. - 226-233.

20. Chiarini, A., e Vagnoni, E., (2015), "World class manufacturing by Fiat Comparison with Toyota Production System from a Strategic Management, Management Accounting, Operations Management, and Performance Measurement dimension." International Journal of Production Resources. Vol. 53, pp.- 590-606.

21. Chugani, N., e Peter, W., (2017), "O impacto humano na cadeia de abastecimento: avaliação da importância das áreas transversais na integração e no desempenho". Operations Management International Journal, Vol. 14, No. 1, pp. - 31-40.

22. Dahlgaard, J., Dahlgaard .M., (2006), "Lean production, Six Sigma quality, TQM and company culture". The TQM Magazine. Vol. 18, No. 3, pp. - 263-281.

23. Dakov, I., e Novkov, S., (2007), "Assessment of the lean production effect on the sustainable industrial enterprise development." International Journal of Recursos de Produção Vol.8, No. 3, pp.- 183-188.

24. Dennis, S. e Hudnurkar, M. (2017), "Fatorial structure for Six Sigma project barriers in Indian manufacturing and service industries", The TQM Journal, Vol. 29 No. 5, pp. 744-759.

25. Economy, E., and Lieberthal, K., (2007), "Scorched earth: will environmental risks in China overwhelm its opportunities" International Journal of Lean Six Sigma Vol. 8, No. 6, pp.-88-96.

26. Faulkner, W., e Badurdeen, F., (2014), "Sustainable Value Stream Mapping (Sus-VSM): uma metodologia para visualizar e avaliar o desempenho da sustentabilidade no fabrico." Journal of Clean Production. Vol. 85, pp. - 8-18.

27. Flashy, D., Aidonis, D., Malindretos, G., Voulgarakis, N. e Triantafillou, D., (2014), "Greening the agrifood supply chain with lean thinking practices." Revista Internacional de Recursos Agrícolas. Vol. 10, No. 2, pp. - 129-145.

28. Florida, R., (1996), "Lean and Green: The move to environmentally conscious manufacturing. California Bus" Rev. Vol. 39, No. 1, pp. -80-105.

29. Galdino, D., e Gomes.C., (2017), "Impactos do Lean Six Sigma sobre a sustentabilidade organizacional: A survey study" Journal of Cleaner Production Vol. 156, pp.- 262- 275.

30. Galeazzo, A., Furlan, A., e Vinelli, A., (2013), "Lean and green in action: interdependencies and performance of pollution prevention projects." J. Clean. Prod. Vol. 85, pp.- 191-200.

31. Ganesh, J.A., (2010), "Lean and Green - A systematic review of the state of the art literature." Journal of Clean Production Vol. 102, pp. - 18-29.

32. Gutierrez, A., e Yong, G., (2004), "On the industrial ecology potential in Asian developing countries". Journal of Clean Production. Vol. 12, pp.- 1037-1045.

33. Haley, M., (2014), "Information technology and the quality improvement in defense industries", The TQM Journal, Vol. 26 No. 4, pp. 348-359.

34. Hansen, J.D., Melnyk, S. e Calantone, R.J., (2004), "Core Values and Environmental Management: A Strong Inference Approach". Greener Management International Vol. 46, pp.

-29-40.
35. Hassini, E., Surti, C., e Searcy, C., (2012), "A literature review and a case study of sustainable supply chains with a focus on metrics." Int. J. Prod. Econ. Vol. 140, pp. -69-82.
36. Herrmann, C., Thiede, S., Stehr, J. e Bergmann, L., (2008), "An environmental perspective on Lean Production". Actas da 41ª Conferência CIRP sobre Sistemas de Fabrico, Tóquio, pp. -6-28.
37. Herron, C., Braiden, P.M., (2006), "A methodology for developing sustainable quantifiable productivity improvement in manufacturing companies". International Journal of Production Economics. Vol. 104, pp.- 143-153.
38. Hilton, R.J. e Sohal, A., (2012), "A concetual model for the successful deployment of Lean Six Sigma." Int. J. Qual. Reliab. Manag. Vol. 29, No. 1, pp. - 54-70.
39. Hines, R., Holweg, M., Rich, N., (2012), "Learning to evolve: a review of contemporary lean thinking." Int. J. Operat. Prod. Manag. Vol. 24, No. 10, pp. - 994-1011.
40. Hoerl, R., (2004) "One perspective on the future of Six Sigma." International Journal of Six Sigma and Competitive Advantage. Vol. 1, No. 1, pp. -112-119.
41. Ismyrlis, V., (2017), "The contribution of quality tools and integration of quality management systems to the organization", The TQM Journal, Vol. 29 No. 5, pp. 677-689.
42. Johansson, G., e Sundin, E., (2014), "Lean and green product development: two sides of the same coin?" Journal of Clean Production. Vol. 85, pp. -104-121.
43. King, A., e Lenox, M., (2001), "Does it Really Pay to be Green? J. Ind. Ecol. Vol. 5, No. 1, pp. -105-116.
44. Kleindorfer, P.R. e Saad, G., (2005), "Managing disruption risks in supply chains". Prod. Operat. Manag.Vol.14, No. 1, pp. -53-68.
45. Kleindorfer, P.R., Singhal, K., e Van. L., (2005), "Sustainable operations management". International Journal of Production Management Vol. 14, pp. - 482-92.
46. Klotz, L., Horman, M. e Bodenschatz, M., (2007), "A Lean modeling protocol for evaluating Green project delivery". Lean Construction Journal. Vol. 3, pp.-1218.
47. Kocak, S., e Cruzmachado, V., (2017), "Modelação lean e green: uma revisão a partir de modelos de negócio." International Journal of Lean Six Sigma. Vol. 4, No. 3, pp. - 228-250.
48. Krishnan, C., e Madu, N., (2013), "Gestão da qualidade e da fiabilidade seis sigma centrada no cliente". Int. Journal of Quality and Reliability Management. Vol. 20, No. 8, pp. -954-964.
49. Kumar, M., (2014), "Challenges of the Green Economy Concept and Policies in the Context of Sustainable Development, Poverty and Equity: the Context of Sustainable Development and Green Economy". PNUA, Nairobi, Quénia.
50. Larson, T. e Greenwood, R., (2004), "Perfect complements: synergies between lean production and eco-sustainability initiatives". Environ. Qual. Manag. Vol. 13, No. 4, pp. -27-36.
51. Liker, G., (1996), "Life is Our Ultimate Customer: Do Lean à Sustentabilidade. Int. J. Operat. Prod. Manag. Vol. 22, No. 1.pp. - 5-15.
52. Liker, H., e Bennett, D., (1996) "Lean production in a changing competitive mundo: uma perspetiva japonesa". Int. J. Operat. Prod. Manag. Vol. 16, pp. -8-23.
53. Linderman, K., e Schroeder, R., Zaheer, S., Choo, A.S., (2003) " Six Sigma: a goal-theoretic perspective." J. Oper. Manag. Vol. 21, pp. -193-203.
54. Lorenz, D., e Lutzkendorf, T., (2011), "Sustainability and property valuation: systematization of existing approaches and recommendations for future action." J. Propert.

Invest. Financ. Vol. 29, No. 6, pp. -644-676.

55. Lozzi, M.C., (2008), "Lean Six Sigma: a contribuição para a excelência empresarial". Int. J. Lean Six Sigma. Vol. 2, No 2, pp. - 118 - 131.

56. Luo, X., e Bhattacharya, C.B., (2009), "The debate over doing good: corporate social performance, firm marketing levers and firm-idiosyncratic risk". Int. J. Operat. Prod. Manag. Vol.73, No.6, pp. -198-213.

57. Maia, L.C., Alves, A.C. e Leo, C.P., (2013), "Ambiente de Trabalho Sustentável com Produção Lean na Indústria Têxtil e do Vestuário." Int. J. Ind. Eng. Manag. Vol. 4, No. 3, pp.-183-190.

58. Mandar, L., McCreery, J. e Rothenberg, L. (2013), "Facilitating lean learning and behaviors in hospitals during the early stages of lean implementation", Engineering Management Journal, Vol. 24 No. 1, pp. 11-22.

59. Manville, G., Greatbanks, R., Krishnasamy, R., e Parker, D., (2012), "Critical success factors for lean six sigma programmes: a view from middle management", International Journal of Quality & Reliability Management, Vol. 29 No. 1, pp. 7-20.

60. Myrdal, S., Rahim, A. e Carretero, J.A., (2017), "A integração do Seis Sigma e da gestão optimizada". Int. Journal of Lean Six Sigma. Vol. 1, No. 3, pp. -249274.

61. Naslund, P., Schmidt, F.L. e Rynes, S.L., (2008), "Corporate social and financial performance: A met analysis". Organ. Stud. Vol. 24, pp.-403-441.

62. Pampanelli, A., Found, P., e Bernardes, A., (2014), "Um modelo lean & green para uma célula de produção". J.Clean. Prod. Vol. 85, pp. -19-35.

63. Pepper, C., e Linich, D., (2017), "Green Lean Six Sigma: Utilizar o Lean para ajudar a obter resultados na empresa totalmente sustentável." J. Supply Chain Manag. Vol. 35, No. 2, pp.- 67-76.

64. Pepper, M., e Wu, Z., (2015), "Building a more complete theory of sustainable supply chain management using case studies" J. Supply Chain Manag. Vol. 45, No. 2, pp.- 37-56.

65. Porter, M., e Vander C., (1995), "Toward a New Conception of the Environment-Competitiveness Relationship". J. Econ. Perspect. Vol. 9, No.4, pp. -97-118.

66. Ravi, R., (2013), "Multi-faceted views on a Lean Six Sigma application" International Journal of Quality and Reliability Management. Vol. 29, No. 1, pp.21-30.

67. Rodriguez, S., e Sharma, S.K., (2007), Lean and Green Manufacturing: Concept and its Implementation in Operations Management. Int. J. Advanced Mechanical Eng. Vol. 4 No. 5, pp. -509-514.

68. Rojasra, R.B., (2013), "Caixa de ferramentas da qualidade: Poka-yoke e desperdício zero". Environ. Qual. Manag. Vol. 9, No. 2, pp.- 91-97.

69. Rothenberg, S., e Pil, F., Maxwell, J., (2001), Lean, green, and the quest for superior environmental performance. Prod. Oper. Manag. Vol. 10, No. 3, pp. - 228-243.

70. Saini, S., e Singh, D., (2018) "Lean practices for consummating competitive priorities in SMEs: a critical review", Int. J. Business Continuity and Risk Management, Vol. 8, No. 2, pp.106-123

71. Sandhu, S., Smallman, C., Ozanne, L.K. e Cullen, R., (2012), "Corporate environmental responsiveness in India: lessons from a developing country". J. Clean. Prod. Vol. 35, pp. -203-213.

72. Schroeder, R.G., Linderman, K., Liedtke, C. e Choo, A.S., (2008), "Six Sigma: Definition and underlying theory". J. Oper. Manag. Vol. 26, pp. - 536-554.

73. Seuring, S., e Muller. M.,(2008) "From a literature review to a concetual framework for

sustainable supply chain management." J. Clean. Prod. Vol. 16, pp. -1699-1710.
74. Sharrard, A., Matthews, H. e Ries, R., (2008), "Estimating construction project environmental effects using an input-output-based hybrid lifecycle assessment model." J. Infrastruct. Syst. Vol. 14, pp. -327-336.
75. Simpson, D., e Power, D.J., (2005), "Use the supply relationship to develop lean and green suppliers. Supply Chain Manag". Int. J. Business Continuity and Risk Management, Vol.10, No. 1, pp. -60-68.
76. Singh, B. J. e Sodhi, H.S. (2014b). Rsm: A key to optimize machining: multiresponse optimization of CNC turning with Al-7020 alloy. Anchor Academic Publishing (aap_verlag).
77. Singh, B. J., & Sodhi, H. S. (2014a). Otimização paramétrica do torneamento CNC para Al-7020 com RSM. Jornal Internacional de Investigação Operacional, 20(2), 180206.
78. Singh, B. J., & Sodhi, H. S. (2021). Liberando uma abordagem quantitativa para gerenciar admissões em engenharia: um caso do estado do norte da Índia. Jornal de Investigação Aplicada no Ensino Superior, 13(3), 684-709.
79. Singh, B. J., & Sodhi, H. S. (2023). Liberando o potencial da indústria 4.0 na Índia: Opportunities, Challenges, and the Road Ahead. Lean Six Sigma 4.0 para Excelência Operacional sob a Transformação da Indústria 4.0, 103-117.
80. Singh, B., Taddeo, R. e Morgante, A., (2017), "Value and Wastes in Manufacturing. Uma visão geral e uma nova perspetiva baseada na ecoeficiência". J. Oper. Manag. Vol. 4, pp. -173-191.
81. Snee, R.D., (2010), "Lean Six Sigma- getting better all the time". Int. J. Lean Six Sigma. Vol. 1, No. 1, pp. - 9 - 29.
82. Sodhi, H. S., Singh, B. J., & Khanduja, D. (2012). Estudo do comportamento dos parâmetros de corte na Taxa de Remoção de Material para um material não ferroso durante o torneamento em um centro de torneamento CNC. Revista Internacional de Pesquisa em Engenharia Aplicada, 7(11), 2012.
83. Sodhi, H. S., Singh, B. J., & Singh, D. (2016). Desafios perante as PMEs indianas para a implementação do Lean Six Sigma para a redução de sucata: A Review. IOSR Journal of Mechanical and Civil Engineering (IOSR-JMCE) e-ISSN: 2278-1684, p-ISSN: 2320-334X, 10-15.
84. Sodhi, H. S., Singh, B. J., & Singh, D. (2023). Análise SWOT do Lean Six Sigma: uma revisão. International Journal of Business Excellence, 29(2), 162-184.
85. Sodhi, H. S., Singh, D., & Singh, B. (2013). Lean e Six Sigma: uma abordagem combinada para a gestão de resíduos em PMEs indianas. Jornal Internacional das Últimas Tecnologias em Engenharia, Gestão e Ciências Aplicadas, 4(4), 7-12.
86. Sodhi, H. S., Singh, D., & Singh, B. J. (2019a). Uma análise empírica dos factores críticos de sucesso do Lean Six Sigma nas PME indianas. Jornal Internacional de Seis Sigma e Vantagem Competitiva, 11(4), 227-252.
87. Sodhi, H. S., Singh, D., & Singh, B. J. (2019b). Desenvolvimento de um modelo concetual Lean Six Sigma e sua implementação: um estudo de caso. Revista de Engenharia Industrial, 12(10), 1-19.
88. Sodhi, H. S., Singh, D., & Singh, B. J. (2019c). Uma revisão dos factores críticos que contribuem para o fracasso do Lean Six Sigma. Revista Internacional de Gestão, Tecnologia e Engenharia, 9(2), 1534.
89. Sodhi, H. S., Singh, D., & Singh, B. J. (2019d). Uma análise empírica dos factores críticos de sucesso do Lean Six Sigma nas PME indianas. International Journal of Six Sigma

and Competitive Advantage, 11(4), 227-252.
90. Sodhi, H. S., Singh, D., & Singh, B. J. (2020a). A concetual examination of Lean, Six Sigma and Lean Six Sigma models for managing waste in manufacturing SMEs. Revista Mundial de Ciência, Tecnologia e Desenvolvimento Sustentável, 17(1), 20-32.
91. Sodhi, H. S., Singh, D., & Singh, B. J. (2020b). An investigation of barriers to waste management techniques implemented in Indian manufacturing industries using analytical hierarchy process. Revista Mundial de Ciência, Tecnologia e Desenvolvimento Sustentável, 17(1), 58-70.
92. Sodhi, H. S., Singh, D., & Singh, B. J. (2020c). Análise SWOT de técnicas de gestão de resíduos quantitativamente. Revista Internacional de Gestão Avançada de Operações, 12(2), 103-121.
93. Sodhi, H. S., Singh, D., & Singh, B. J. (2020d). An empirical investigation to evaluate the relationship between success factors of Lean Six Sigma and waste management issues. International Journal of Six Sigma and Competitive Advantage, 12(2-3), 97-119.
94. Sodhi, H. S., Singh, D., & Singh, B. J. (2021). Investigação de fatores de manufatura enxuta para redução de resíduos em PMEs de manufatura. Internacional Journal of Productivity and Quality Management, 33(2), 218-233.
95. Sodhi, H. S., Singh, D., & Singh, B. J. (2022a). Implementation of Lean Six Sigma model for scrap reduction in machining sector. International Journal of Business Excellence, 27(1), 110-124.
96. Sodhi, H. S., Singh, D., & Singh, B. J. (2022b). A qualitative and quantitative comparison of various waste management techniques (Uma comparação qualitativa e quantitativa de várias técnicas de gestão de resíduos). International Journal of Business Excellence, 28(3), 350-363.
97. Sodhi, H.S., Singh, D., e Singh. B., (2013), "Lean and Six Sigma: A Combined Approach for Waste Management in Indian SME's". Revista Internacional de Tecnologia de Ponta em Engenharia, Gestão e Ciências Aplicadas Vol. 4, No.4, pp-7-12
98. Solanki, R., (2014) En-lean: um quadro para alinhar o fabrico ecológico e magro na cadeia de abastecimento do corte de metais. Int. J. Enterp. Netw. Manag. Vol. 1, No. 3, pp. - 238-260.
99. Srivastava, S.K., (2007), "Green supply-chain management: a state-of-the-art literature review". Int. J. Manag. Rev. Vol. 9, No. 1, pp. -53-80.
100.Talodhikareta, A., Moreno-Mondéjar, L. e Davia, M. A., (2013), "Drivers of different types of eco-innovation in European SMEs", Int. J. Manag. Rev.Vol. 92, No. 2, pp. -25-33.
101.Tamizharasi, A., Barton, R., e Chuke-Okafor, C., (2014), "Applying lean six sigma in a small engineering company - a model for change." J. Manufact. Technol. Manag. Vol. 20, No. 1, pp. - 113-129.
102.Tranfield, R., Abrahams, R., Smillie, R., e Voigt, R., (2011), "Using lean methodologies for economically and environmentally sustainable foundries." Int. J. Lean Six Sigma. Vol. 8, No. 1, pp. -74-88.
103.Uma, S.L. e Lusch, R.F., (2013), "Service-dominant logic: continuing the evolution." Int. J. Lean Six Sigma. Vol. 36, No. 1, pp. -1-10.
104.Vinesh, B., Rose, B., Caillaud, E. e Remita, H., (2013), "Combinando o desempenho organizacional com questões de desenvolvimento sustentável: o repositório de benchmarking de projectos ecológicos e lean". J. Clean. Prod. Vol. 85, pp. -83-93.
105.Vinodh, S., Arvind, K.R. e Somanaathan, M., (2011), "Tools and techniques for enabling

sustainability through lean initiatives." Clean. Tech. Environ. Policy. Vol. 13, No. 3, pp. -469-479.

106.Wiggins, B., Rose, B. e Caillaud, E., (2016), "Lean and Green strategy: The Lean and Green House and Maturity deployment model". J. Clean. Prod. Vol. 116, pp.-150-156.

107.Wilson, W.C., Vieira, J.M. e Santos, J.C.d.S., (2015), " Eco-Six Sigma: integração de variáveis ambientais na técnica Seis Sigma." Prod. Plan. Control. Vol. 26, No. 8, pp. - 605-616.

108.Womack, M., e Tushman, M., (2003), "Exploitation, Exploration and Process Management: The Productivity Dilemma Revisited. Acad. Manag. Rev. Vol. 28, No. 2, pp. - 238-256.

109.Wong, W., e Wong, K., (2014), "Synergizing an ecosphere of lean for sustainable operations." J. Clean. Prod. Vol. 85, No. 15, pp.- 51-66.

110.Yang, M.G., Hong, P. e Modi, S.B., 2011. Impact of lean manufacturing and environmental management on business performance: an empirical study of manufacturing firms. Int. J. Prod. Econ. Vol. 129, pp. -251-261.

Questionário

Questionário para avaliar o nível de eficácia das técnicas de gestão de resíduos implementadas na sua organização

Secção 1: Informações gerais

S.N.	GÉNERO					
1	Nome da organização					
2	Endereço da organização					
3	Nome do inquirido					
4	Designação do inquirido					
5	N.º de contacto do inquirido / E-mail					
6	Produto(s) principal(is) da organização					
7	Tipo de empresa	Pequena escala		Médio		
8	Tipo de sistema de produção	Ordem de fabrico	Contínuo	Lote	M a ш	
9	Número de empregados	< 50	50 100	100 200	>2 00	
10	Qual a idade da sua organização no sector da indústria transformadora?	1-4 anos	5-8 anos	9-12 anos	M o minério	
11	Volume de negócios atual (Rupees in Crore)	< 10	10 para 25	25 para 50	50 para 75	>75
12	Quota de mercado (percentagem)	< 10	10 para 20	21 para 30	31 para 40	>40
13	Lucro líquido (percentagem do volume de negócios)	>5	5 para 10	11 para 20	21 para 30	>30

Secção 2: Análise SWOT da sua organização

2.1 Até que ponto os factores abaixo mencionados afectam as *FORÇAS* de

S.N.		Não De todo	Até certo ponto	Em grau moderado	Em grande medida	Em grau muito elevado
1	Efeito dos recursos humanos (em função do nível de competências)	1	2	3	4	5
2	Qualidade da matéria-prima.	1	2	3	4	5
3	Disponibilidade de matérias-primas.	1	2	3	4	5
4	Automatização de máquinas.	1	2	3	4	5
5	Técnicas inovadoras	1	2	3	4	5
6	Factores motivacionais para os trabalhadores (tais como incentivos,	1	2	3	4	5
7	Investigação e desenvolvimento.	1	2	3	4	5
8	Técnicas de vendas utilizadas para	1	2	3	4	5
9	Coordenação entre	1	2	3	4	5
10	Presença no mercado ou branding.	1	2	3	4	5

Especificar se for o caso:

2.2	**Até que ponto *as FRAQUEZAS* abaixo indicadas afectam a sua**					
1	Limitações da disponibilidade de [1]	1	2	3	4	5
2	Restrições em termos de disponibilidade de recursos (homens, máquinas,	1	2	3	4	5
3	Processos judiciais contra a sua organização.	1	2	3	4	5
4	Críticas do mercado.	1	2	3	4	5
5	Baixa taxa de produção para satisfazer	1	2	3	4	5
6	Estratégias de marketing deficientes.	1	2	3	4	5
7	Falta de formação dos trabalhadores	1	2	3	4	5
8	Indisponibilidade de infra-estruturas.	1	2	3	4	5
9	Impostos governamentais desfavoráveis	1	2	3	4	5
10	O elevado custo das matérias-primas.	1	2	3	4	5
Especificar se for o caso:						

2.3	**Qual é o nível das *OPORTUNIDADES* abaixo mencionadas que afectam o progresso**					
1	Nível de sucesso da estratégia	1	2	3	4	5
2	Cenário do mercado local.	1	2	3	4	5
3	Cenário económico do seu	1	2	3	4	5
4	Possibilidades de crescimento do mercado	1	2	3	4	5
5	Novo líder de vendas a nível nacional - д	1	2	3	4	5
6	Presença da sua organização em	1	2	3	4	5
7	Políticas industriais favoráveis.	1	2	3	4	5
9	Disponibilidade de pessoal qualificado	1	2	3	4	5
10	Redução das taxas de juro.	1	2	3	4	5
Especificar se for o caso:						

2.4	**Como é que *as AMEAÇAS* abaixo mencionadas estão a afetar o desempenho da sua**					
1	Concorrência	1	2	3	4	5
2	Alteração das políticas industriais devida	1	2	3	4	5
3	Barreiras ao comércio interno (tais como	1	2	3	4	5
4	Mudanças tecnológicas rápidas.	1	2	3	4	5
5	Aumento das taxas de juro.	1	2	3	4	5
6	Aumento da taxa de refugo.	1	2	3	4	5

7	Aumento do desperdício de recursos.	1	2	3	4	5
8	Custos do excesso de existências.	1	2	3	4	5
9	Indisponibilidade de recursos.	1	2	3	4	5
10	Condições climáticas.	1	2	3	4	5
Especificar se for o caso:						

Secção 3: Até que ponto os factores abaixo mencionados têm impacto nos resíduos Gestão na sua organização?						
1	Redesenho estrutural para resíduos	1	2	3	4	5
2	Compatibilidade da estratégia de gestão de resíduos com	1	2	3	4	5
3	Gestão do custo total.	1	2	3	4	5
4	Nível de competência do mestre negro	1	2	3	4	5
5	Análise de valor.	1	2	3	4	5
6	Capacidade financeira.	1	2	3	4	5
7	Definição de prioridades e seleção de projectos,	1	2	3	4	5
8	A eficácia do programa de formação lean six sigma.	1	2	3	4	5
9	Melhoria contínua	1	2	3	4	5
10	Redução do tempo de ciclo.	1	2	3	4	5
11	Atualização dos resíduos	1	2	3	4	5
12	Análise do fluxo de processos.	1	2	3	4	5
13	Análise do fluxo de materiais.	1	2	3	4	5
14	Teoria das restrições	1	2	3	4	5
15	Nível de desperdício no seu	1	2	3	4	5
16	Análise do fluxo de trabalho.	1	2	3	4	5
17	5S é a implementação.	1	2	3	4	5
18	Correção de erros ~~Amlveie~~	1	2	3	4	5
19	Normalização dos processos.	1	2	3	4	5
20	Preventivo Manutenção	1	2	3	4	5
21	Implementação da manutenção autónoma.	1	2	3	4	5
22	Restauro do equipamento.	1	2	3	4	5
23	Nível de eliminação do menor	1	2	3	4	5
24	Implementação do Six Sigma.	1	2	3	4	5
25	Implementação de estratégias Lean.	1	2	3	4	5
26	Lean Six Sigma (LSS)	1	2	3	4	5
27	Implementação da Manutenção da Qualidade Total (TQM).	1	2	3	4	5
28	Implementação Just in time (JIT).	1	2	3	4	5

Secção 4: Qual das seguintes técnicas de gestão de resíduos afecta os principais factores que afectam a reputação da sua organização no

mercado?

1	Excelentes vendas.	Seis Sigma	Enxuto	LSS	TQM	JIT
2	Aumento do lucro.	Seis	Enxuto	LSS	TQM	JIT
3	Custo competitivo do produto.	Seis	Enxuto	LSS	TQM	JIT
4	Aumento da quota de mercado.	Seis	Enxuto	LSS	TQM	JIT
5	Melhoria da imagem competitiva.	Seis	Enxuto	LSS	TQM	JIT
6	Aumento da produtividade.	Seis	Enxuto	LSS	TQM	JIT
7	Excelente qualidade do produto.	Seis	Enxuto	LSS	TQM	JIT
8	Aumento da satisfação do cliente.	Seis	Enxuto	LSS	TQM	JIT
9	Envolvimento total dos trabalhadores.	Seis	Enxuto	LSS	TQM	JIT
10	Excelente cultura de trabalho.	Seis	Enxuto	LSS	TQM	JIT

Secção 5: Até que ponto foram implementadas técnicas de gestão de resíduos na sua organização?

1	Nível de redução das despesas de funcionamento	1	2	3	4	5
2	O nível de sensibilização dos trabalhadores para a gestão de resíduos	1	2	3	4	5
3	Nível de redução de sucata após	1	2	3	4	5
4	Nível de aumento da rendibilidade devido à implementação de um	1	2	3	4	5
5	Nível de equilíbrio do fluxo de trabalho através da implementação da gestão de resíduos	1	2	3	4	5
6	Nível de melhoria no cliente	1	2	3	4	5
7	Nível de redução dos defeitos.	1	2	3	4	5
8	Nível de redução da máquina	1	2	3	4	5
9	Nível de redução das existências.	1	2	3	4	5
10	Nível de aumento da produção	1	2	3	4	5

Secção 6: Até que ponto os factores críticos de sucesso abaixo mencionados contribuem para o êxito da implementação do Lean Six Sigma (LSS) na sua organização?

6.1	**Até que ponto o LSS é DEFINIDO na sua organização?**					
1	Sensibilização dos trabalhadores para as possibilidades de fabrico	1	2	3	4	5
2	Até que ponto as necessidades e exigências dos consumidores foram esclarecidas para	1	2	3	4	5
3	Nível de perdas financeiras barba	1	2	3	4	5
4	Nível de relacionamento com o	1	2	3	4	5
2	Nível de eliminação das actividades sem valor acrescentado identificadas em	1	2	3	4	5
3	Nível Comunicação e	1	2	3	4	5
4	Nível de condicionalismos operacionais em	1	2	3	4	5
5	Nível de controlo e auditoria	1	2	3	4	5

6.8	**Algumas questões relacionadas com a reconfiguração do sistema de fabrico para obter um *FLUXO DE UNIDADE ÚNICA (SUF).***					
1	Nível de Just In Time atingido.	1	2	3	4	5
2	Nível de integração de todos os elementos	1	2	3	4	5
3	Nível de perfeição alcançado em	1	2	3	4	5
6.9	**Algumas perguntas relacionadas com a implementação do *TPM* na sua organização.**					
1	Nível de manutenção preventiva	1	2	3	4	5
2	Nível de manutenção autónoma	1	2	3	4	5
3	Nível de restauração do equipamento	1	2	3	4	5
4	Nível de paragens menores	1	2	3	4	5
5	Qualidade e entrega ao cliente	1	2	3	4	5
6.10	**Algumas perguntas relacionadas com os factores que contribuem para *ALCANÇAR A PERFEIÇÃO* no seu**					
1	Nível de investimento em tempo e dinheiro	1	2	3	4	5
2	Utilizar recompensas e reconhecimento	1	2	3	4	5
3	Nível de aplicação das normas de qualidade no seu	1	2	3	4	5
4	Nível de sucata na sua organização	1	2	3	4	5

Secção 7: Indique o papel dos seguintes obstáculos à utilização de novas tecnologias na sua empresa.

S. Não	Barreiras à utilização de novas tecnologias	Não é de todo importante	De menor importância	Neutro	Importação	Muito importante
1	Resistência dos trabalhadores à mudança	1	2	3	4	5
2	Custo da educação e da formação	1	2	3	4	5
3	Deficiência de competências para os novos	1	2	3	4	5
4	Programas de formação inadequados	1	2	3	4	5
5	Falta de infra-estruturas conexas	1	2	3	4	5
6	Falta de motivação	1	2	3	4	5
7	Falta de cooperação e	1	2	3	4	5
8	Falta de profissionais formados	1	2	3	4	5
9	Falta de informação/conhecimento sobre	1	2	3	4	5
10	Falta de esforço individual	1	2	3	4	5
11	A disparidade das tabelas salariais dos	1	2	3	4	5
12	Perturbações durante a execução	1	2	3	4	5
13	Problemas com a compatibilidade de	1	2	3	4	5
14	Rigidez organizacional no seio da	1	2	3	4	5

Notas biográficas

Harsimran Singh Sodhi trabalha atualmente como professor assistente no Departamento de Mecânica da Universidade de Chandigarh, Mohali. Tem uma experiência de ensino de mais de nove anos. As suas qualificações técnicas incluem BTech em mecânica, MTech em tecnologia de produção e doutoramento em engenharia mecânica pela IKG Punjab Technical University, Jalandhar. Embora seja engenheiro mecânico, especializou-se em diferentes domínios técnicos, como técnicas de otimização, planeamento e controlo da produção, etc. Até à data, tem-se destacado em domínios diversificados de processos de fabrico, fabrico optimizado, Six Sigma, Lean Six Sigma e muitos outros.

Bikram Jit Singh obteve o seu doutoramento em Engenharia Mecânica. Atualmente, trabalha como professor no Departamento de Engenharia Mecânica da Maharishi Markendeshwar Deemed to be University, em Mullana, Índia, e tem mais de 16 anos de experiência no meio académico, na investigação e na indústria. Tem várias publicações em jornais e conferências nacionais/internacionais. O seu principal domínio de investigação é o Six Sigma. Tem uma vasta experiência em análise de dados, Minitab, linguagem R, bibliometria e revisões sistemáticas.

Doordarshi Singh obteve o seu doutoramento em Engenharia Mecânica na Punjabi University Patiala, Índia. Atualmente, trabalha como Professor Associado no Departamento de Engenharia Mecânica da Faculdade de Engenharia Baba Banda Singh Bahadur, Fatehgarh Sahib, Índia, e tem mais de 16 anos de experiência no meio académico e na investigação. Tem várias publicações em jornais e conferências nacionais/internacionais . A sua principal área de investigação é a conceção de sistemas de fabrico.

Printed by Books on Demand GmbH, Norderstedt / Germany